浙江省高职院校"十四五"重点立项建设教材

高职高专建筑设计专业"互联网+"创新规划教材

公共建筑设计

（第二版）

张 燕 / 主 编

王 涛　陈冠宏　傅丹侠 / 副主编

内 容 简 介

本书立足高等职业教育技能培养特色，精选 7 个有代表性的乡村和城镇公共建筑设计项目。每个设计项目都采取先抛出设计任务的方式，针对学生在实践过程中遇到的共性问题，引入理论和相关设计规范，从而形成"工学结合、任务驱动"的模块化课程体系。各模块相对独立，支持各类院校根据实际情况灵活调整教学内容。

同时，本书通过纸质教材＋数字资源＋AI 伴学资料，打造"师－生－机"多维交互的学习新形态，是一本多形态融合、"高－本"纵向贯通、"岗课赛证"横向融通的融媒体教材。

本书适用于高职专科、高职本科和应用型本科院校建筑设计、城乡规划、风景园林设计等相关专业，可作为核心教材或拓展学习参考资料。

图书在版编目（CIP）数据

公共建筑设计 / 张燕主编. --2 版. -- 北京：北京大学出版社，2025.6. --（高职高专建筑设计专业"互联网＋"创新规划教材）. -- ISBN 978-7-301-36344-7

Ⅰ. TU242

中国国家版本馆 CIP 数据核字第 2025RC0811 号

书　　　名	公共建筑设计（第二版） GONGGONG JIANZHU SHEJI（DI-ER BAN）
著作责任者	张　燕　主编
策划编辑	刘健军
责任编辑	曹圣洁
数字编辑	蒙俞材
标准书号	ISBN 978-7-301-36344-7
出版发行	北京大学出版社
地　　　址	北京市海淀区成府路 205 号　100871
网　　　址	http://www.pup.cn　新浪微博：@北京大学出版社
电子邮箱	编辑部 pup6@pup.cn　总编室 zpup@pup.cn
电　　　话	邮购部 010-62752015　发行部 010-62750672　编辑部 010-62750667
印 刷 者	北京宏伟双华印刷有限公司
经 销 者	新华书店
	787 毫米×1092 毫米　16 开本　13.75 印张　330 千字 2021 年 8 月第 1 版 2025 年 6 月第 2 版　2025 年 6 月第 1 次印刷
定　　　价	69.00 元

未经许可，不得以任何方式复制或抄袭本书之部分或全部内容。
版权所有，侵权必究
举报电话：010-62752024　电子邮箱：fd@pup.cn
图书如有印装质量问题，请与出版部联系，电话：010-62756370

第二版前言 Preface

"公共建筑设计"作为高职院校建筑设计专业课程体系中的主干核心课程，不但在教学中占有较大比重，而且对学生建筑观的形成和在日后社会实践中的价值判断具有至关重要的作用。针对高职学生在公共建筑设计过程中突显出的较为薄弱部分，本书的讲述从高职学生的学习思维模式出发，对内容编排进行全新的尝试，打破传统教材的编写框架，每个设计项目都由设计任务导入，然后以设计项目为载体，将理论知识、行业规范与岗位技能融为一体。本书使用大量设计案例引导学生学习，设计案例的引用不局限于地域，而是面向国内外知名建筑设计作品，案例直接且生动，可大大增强学生的学习信心，同时拓宽学生的国际化视野，让学习内容与国际接轨。

我们开发了丰富多彩的数字化教学资源，以二维码的形式将最新项目视频、优秀设计案例、国家规范标准、学生实践项目任务书、AutoCAD 地形图等有机嵌入本书中；同时积极顺应人工智能发展趋势，提供 AI 伴学内容及提示词，引导学生利用生成式人工智能（GenAI）工具，如 DeepSeek、Kimi、文心一格、Stable Diffusion 等来进行拓展学习；打造"师-生-机"多维交互的学习新形态，推动教学模式向数字化、智能化升级。

此外，本书以显性的专业知识技能为载体，融入党的二十大精神，是一本将纸质教材和数字化资源、专业知识技能与立德树人深度融合的融媒体教材，以实现高职院校培养社会主义现代化建设需要的高等技术应用型人才的目标。

我们认为，在对高职学生讲授公共建筑设计这门课程时，教师要做的不应是降低设计要求和质量，而应是运用更为浅显易懂的方式将建筑设计的基本方法与不同类型公共建筑的设计要点教授给学生。随着时代的发展，公共建筑设计逐渐发展为一个综合工程知识、人文知识、艺术修养等诸多领域知识的交叉学科，而不再是一个传统意义上的工科。相应地，这就对编写高职院校使用的公共建筑设计教材提出了更高的要求。

由于高职学生只有三年在校学习时间，我们希望通过本书的编写，能够重新将公共建筑设计的方法梳理一遍，让学生在最短的时间内掌握尽可能简要的理论框架、尽可能全面的设计信息。

本书由浙江同济科技职业学院张燕担任主编，负责整体策划、框架设计、统筹分工,全书统稿、修改、完善及质量控制,并负责模块 2、模块 6 和模块 7 的编写任务,参与模块 3 和模块 5 的编写;青岛中联建业股份有限公司王涛担任副主编,负责模块 1 和模块 8 的编写任务;深圳职业技术大学陈冠宏担任副主编,负责模块 4 的编写任务并参与模块 6 的编写;浙江同济科技职业学院傅丹侠担任副主编,负责模块 3 和模块 5 的编写任务。本书编写人员放弃大量休息时间全心投入编写工作,在此一并表示感谢。

希望本书的出版能够真正从课程学习方面帮助到高职院校建筑设计专业的学生,让他们自设计观念、设计方法至设计实践都更为贴合时代的需要。

编 者

2025 年 3 月

资源索引

AI 伴学内容及提示词

AI 伴学工具：
1. 借助 AI 智能问答，如 DeepSeek、Kimi、豆包、通义千问、文心一言等；
2. 借助 AI 绘图软件，如建筑学长 AI 工具、HD-AidMaster、文心一格、Stable Diffusion 等。

序号	AI 伴学内容	AI 提示词
1	公共建筑设计导入（功能与空间）	解析公共建筑功能分区原则
2		以图书馆（或其他公共建筑）为例，讲解功能区域的划分依据
3		分析公共建筑中功能与空间的关系
4		如何根据功能需求进行空间布局？
5		介绍公共建筑中常见的空间组合方式
6		阐述公共建筑中流线组织的原则
7	公共建筑设计导入（场地与场所）	公共建筑的场地分析包括哪些内容？
8		公共建筑的场地条件如何影响设计决策？
9		周边交通条件如何影响公共建筑出入口设计？
10		一个理想的公共建筑场所应该具备哪些特点？
11		如何在公共建筑设计中体现场所精神？
12		在对公共建筑的实地调研过程中，需要关注哪些关键要素？
13	公共建筑设计导入（结构与材料）	介绍常见的公共建筑结构体系
14		解析每种结构体系的特点、适用范围及其对建筑设计的影响
15		公共建筑外墙常用的建筑材料有哪些？
16		结合实际案例解析结构与材料的选择对建筑造型、性能的影响
17		解析绿色公共建筑中的创新材料应用
18	乡村餐饮建筑设计	饮食建筑设计的相关行业规范与标准
19		解析国内外乡村餐饮建筑项目典型案例
20		乡村餐饮建筑如何在满足规范要求的同时，融入乡村特色并实现与自然环境的和谐共生
21		举例解析乡村本土文化如何融入餐饮建筑设计
22		建筑设计方案阶段的图纸绘制深度要求
23		解析餐饮建筑的功能分区及其相互关系

续表

序号	AI 伴学内容	AI 提示词
24	乡村餐饮建筑设计	如何组织餐饮建筑中不同人群的交通流线，避免流线交叉和相互干扰？
25		餐饮建筑空间的灵活性和多样性应如何实现？
26		解析乡村餐饮建筑空间设计，包括室内空间营造、室内外空间互动
27		如何在乡村餐饮建筑空间设计中通过空间序列展现乡村故事？请举例
28		以山地乡村为例，说明地形条件如何影响餐饮建筑的布局、交通流线和造型设计，给出应对策略
29		举例探讨乡村餐饮建筑设计中如何利用当地技术条件（如乡土建材、传统工艺），满足现代餐饮的功能需求
30		分析乡村餐饮建筑造型设计要点
31		如何运用设计语言和元素打造出既符合当代审美又具有乡村韵味的建筑外观？
32		如何用坡屋顶、檐廊、天井等增强设计的乡土性？
33		解析在乡村场景下，餐饮建筑设计中各图纸的表达重点
34		通过一幅建筑效果图，举例示范乡村餐饮建筑如何营造乡土特色氛围
35		AI 实时渲染乡村餐饮建筑不同造型的光影效果
36		餐饮建筑设计的智能排版建议
37	城镇（乡镇）幼儿园建筑设计	解读托儿所、幼儿园建筑设计规范
38		解析国内外幼儿园建筑设计项目典型案例
39		幼儿园建筑的场地分区应如何适配幼儿行为？
40		幼儿园出入口布置如何实现既方便家长接送又保证交通疏散安全？
41		解析幼儿园各功能房间的组成和使用要求
42		幼儿的活动用房需要满足哪些具体的设计要求？
43		幼儿活动单元（活动室＋寝室＋卫生间＋衣帽间）的组合方式
44		如何组织幼儿园交通流线，以避免流线交叉混乱，确保使用便利和安全？
45		用地紧张时，如何通过垂直设计（如屋顶活动平台）补偿户外场地不足？
46		解析幼儿园应如何建构具有灵活性和趣味性的建筑空间
47		幼儿园平面空间设计时，如何将当地传统民居的空间布局、形态符号与文化内涵转化为适合幼儿活动的现代教育空间？请举例
48		解析幼儿园造型设计中如何体现童趣特点
49		举例解析如何打造出既符合幼儿审美又与周边乡镇环境相协调的建筑外观
50		基于地形图和建筑模型生成日照分析报告
51		AI 实时渲染幼儿园建筑不同造型的光影效果
52		幼儿园建筑设计的智能排版建议

续表

序号	AI 伴学内容	AI 提示词
53	中小学建筑设计（18班中学建筑设计）	解读中小学建筑设计规范
54		解析国内外中小学建筑设计项目典型案例
55		现代教育理念对中学建筑空间的影响
56		如何用教学楼建筑空间（如开放式实验室＋讨论区）支持教学模式？
57		提取项目设计任务书关键数据，生成可视化任务清单（需上传任务书）
58		解析中学建筑功能分区设计
59		教学区与运动区既分隔又方便联系的中学建筑总平面布局方案
60		提供典型中学总平面布局案例库
61		如何结合学生行为模式（如课间10分钟活动）优化中学建筑空间的衔接？
62		如何提取地域文化符号并转化成富有青春感和文化厚重感的中学建筑造型元素？请举例
63		用优秀中学建筑立面案例拆解结合地域特色进行建筑立面设计的逻辑
64		参考××当地民居的立面色彩与开窗比例，为中学教学楼设计3种新中式风格立面方案
65		生成一幅××地域的建筑立面风格意向板
66		将"绿色校园"设计策略归纳为几个图示化分析图，要求包含雨水回收系统示意图
67		AI实时渲染中学建筑不同造型的光影效果
68		中小学建筑设计的智能排版建议
69	文化休闲建筑设计（乡村活动中心设计）	文化休闲建筑设计的相关行业规范和标准
70		解析国内外乡村活动中心设计项目典型案例
71		如何通过建筑设计激活乡村活力？
72		解析乡村活动中心的"在地性"设计策略
73		生成乡村活动中心场地分析的10项关键指标清单
74		梳理乡村活动中心的核心功能，分析功能间的关联
75		乡村活动中心的弹性空间设计方案
76		乡村活动中心的无障碍设计要点
77		识别××村落建筑符号并转化为现代建筑设计语言，绘制转译方案草图
78		解析运用哪些造型元素、色彩搭配和建筑材料，打造出既体现乡村文化内涵，又与周边乡村风貌相协调的独特建筑外观
79		解析根据地域建筑特色进行建筑立面设计的逻辑
80		AI实时渲染不同乡村活动中心造型的光影效果
81		文化休闲建筑设计的智能排版建议

续表

序号	AI 伴学内容	AI 提示词
82	酒店建筑设计（乡村民宿酒店设计）	解读旅馆建筑设计规范
83		解析国内外乡村民宿设计项目典型案例
84		乡村民宿设计中，如何平衡现代酒店功能与乡土特色？
85		乡村民宿酒店设计要点
86		解析乡村民宿建筑布局、景观融合与生态技术应用
87		乡村民宿酒店空间组成与总平面设计要点
88		绘制乡村民宿酒店的功能泡泡图
89		解析乡村民宿酒店客房层与客房单元设计
90		提供 10 种典型民宿客房平面布局案例
91		解析乡村民宿客房如何营造"在地感"
92		举例解析乡村客房如何实现层层观景
93		举例解析如何在乡村民宿内部空间中延续乡土精神
94		解析乡村民宿酒店前厅空间设计
95		解析乡村民宿酒店餐饮空间设计
96		列举 5 种地域性材料在民宿立面设计中的创新用法，并绘制构造简图
97		用优秀乡村民宿建筑立面案例拆解在民宿建筑设计中，结合地域建筑特色进行立面设计的逻辑
98		参考 ×× 当地民居的立面色彩与开窗比例，生成 3 种新中式风格的民宿立面设计方案
99		被动式节能设计策略
100		AI 实时渲染不同乡村民宿酒店造型的光影效果
101		酒店建筑设计的智能排版建议
102	交通建筑设计（乡镇汽车客运站设计）	解读交通客运站建筑设计规范
103		解析国内外汽车客运站设计项目典型案例
104		解析乡镇汽车客运站的特殊性
105		乡镇汽车客运站总平面设计要点
106		举例分析站前广场、站房与站场的布局策略
107		乡镇汽车客运站交通流线设计要点
108		乡镇汽车客运站站前广场设计要点
109		乡镇汽车客运站站房设计要点
110		汽车客运站设计中，如何建构具有趣味性和体验感的站房空间？
111		打造"小而精、接地气"的乡镇客运站站房的设计策略
112		乡镇汽车客运站站场设计要点

续表

序号	AI 伴学内容	AI 提示词
113		小汽车、中巴车、大巴车停车位尺寸及车道尺寸
114		解析结合地域特色进行客运站建筑立面设计的逻辑
115		被动式节能设计和主动式节能策略
116		AI 实时渲染不同乡镇汽车客运站的光影效果
117		交通建筑设计的智能排版建议
118		解读办公建筑设计标准
119		解读建筑防火通用规范
120		解析国内外高层办公楼建筑设计项目典型案例
121		在高层办公建筑总体设计中，如何平衡建筑密度与绿地率？
122		高层办公建筑的总体设计要点
123		提供 10 种典型的高层交通核平面布局案例
124	高层办公建筑设计（科创办公中心设计）	如何通过模块化设计实现科创办公空间的快速重组？
125		举例说明办公中心"开放、共享、交流"空间的设计要点
126		如何通过立面语言体现科创办公中心的创新性与科技感，同时满足节能要求？
127		高层建筑的消防设计要点
128		解析被动式节能和主动式节能的技术路径
129		AI 实时渲染不同科创办公中心设计方案的光影效果
130		高层办公建筑设计的智能排版建议

目　　录
Contents

模块 1　公共建筑设计导入 ………… 001

1.1　公共建筑概述 ………… 002
1.2　功能与空间 (Function/Space) ………… 002
　　1.2.1　功能分区原则 ………… 004
　　1.2.2　空间组织方式 ………… 006
　　1.2.3　流线组织原则 ………… 009
1.3　场地与场所 (Site/Place) ………… 011
　　1.3.1　场地因素 ………… 011
　　1.3.2　场地处于城镇中的设计策略 ………… 012
　　1.3.3　契合自然场地的设计策略 ………… 016
　　1.3.4　场所的概念 ………… 020
1.4　结构与材料 (Structure/Material) ………… 020
　　1.4.1　公共建筑设计中的结构概念 ………… 021
　　1.4.2　常用的建筑结构形式 ………… 023
　　1.4.3　公共建筑设计中的材料使用 ………… 030
　　1.4.4　常用的建筑材料 ………… 033
模块小结 ………… 044

模块 2　乡村餐饮建筑设计 ………… 045

2.1　任务提出：乡村餐饮建筑设计 ………… 046
2.2　任务目标：图纸成果要求 ………… 047
2.3　任务实施：设计要点分析 ………… 048
　　2.3.1　总平面设计 ………… 048
　　2.3.2　餐饮建筑的功能组成及交通流线 ………… 049
　　2.3.3　空间设计要点 ………… 050
　　2.3.4　造型设计 ………… 061

2.4　拓展学习 ………… 063
模块小结 ………… 063

模块 3　幼儿园建筑设计 ………… 065

3.1　任务提出：乡镇幼儿园建筑设计 ………… 066
3.2　任务目标：图纸成果要求 ………… 068
3.3　任务实施：设计要点分析 ………… 068
　　3.3.1　总平面设计 ………… 068
　　3.3.2　建筑功能分区及交通流线 ………… 071
　　3.3.3　各功能分区设计要求 ………… 071
　　3.3.4　幼儿园建筑平面空间组合 ………… 077
　　3.3.5　造型设计 ………… 080
3.4　拓展学习 ………… 081
模块小结 ………… 081

模块 4　中小学建筑设计 ………… 083

4.1　任务提出：18 班中学建筑设计 ………… 084
4.2　任务目标：图纸成果要求 ………… 087
4.3　任务实施：设计要点分析 ………… 087
　　4.3.1　校址的选择 ………… 089
　　4.3.2　总平面设计 ………… 090
　　4.3.3　建筑设计 ………… 094
　　4.3.4　教学楼立面造型设计 ………… 107
4.4　拓展学习 ………… 111
模块小结 ………… 112

模块 5　文化休闲建筑设计 ... 113

5.1　任务提出：乡村活动中心设计 ... 114
5.2　任务目标：图纸成果要求 ... 115
5.3　任务实施：设计要点分析 ... 116
  5.3.1　总平面设计 ... 116
  5.3.2　功能组成和布局分析 ... 119
  5.3.3　活动用房设计 ... 121
  5.3.4　其他设计 ... 125
  5.3.5　建筑的形体要素处理 ... 128
5.4　拓展学习 ... 129
模块小结 ... 130

模块 6　酒店建筑设计 ... 131

6.1　任务提出：乡村民宿酒店设计 ... 132
6.2　任务目标：图纸成果要求 ... 134
6.3　任务实施：设计要点分析 ... 134
  6.3.1　酒店等级、规模与类型 ... 134
  6.3.2　酒店的空间组成与总平面设计 ... 136
  6.3.3　酒店的功能流线设计 ... 143
  6.3.4　客房层与客房单元设计 ... 148
  6.3.5　前厅空间设计 ... 156
  6.3.6　餐饮空间设计 ... 160
  6.3.7　停车场与停车库设计 ... 163
6.4　拓展学习 ... 163
模块小结 ... 164

模块 7　交通建筑设计 ... 165

7.1　任务提出：乡镇汽车客运站设计 ... 166
7.2　任务目标：图纸成果要求 ... 168
7.3　任务实施：设计要点分析 ... 169
  7.3.1　总平面设计 ... 169
  7.3.2　站前广场设计 ... 172
  7.3.3　站房设计 ... 175
  7.3.4　站场设计 ... 183
  7.3.5　防火设计 ... 185
7.4　拓展学习 ... 185
模块小结 ... 186

模块 8　高层办公建筑设计 ... 187

8.1　任务提出：科创办公中心设计 ... 188
8.2　任务目标：图纸成果要求 ... 190
8.3　任务实施：设计要点分析 ... 190
  8.3.1　高层办公建筑总体设计 ... 190
  8.3.2　安全消防设计 ... 193
  8.3.3　高层办公楼平面设计 ... 195
  8.3.4　高层办公建筑节能设计 ... 205
8.4　拓展学习 ... 207
模块小结 ... 207

参考文献 ... 208

模块 1

公共建筑设计导入

教学目标

通过本模块的学习,学生应了解"功能与空间、场地与场所、结构与材料"这三个高职院校公共建筑设计课程的核心内容,在进入设计专题之前,初步掌握公共建筑设计的主要知识点及基本方法。

教学要求

能力目标	知识要点	权重
能够对各种功能空间进行分区,通过简捷流畅的流线来组织各种使用空间,从而实现其使用特性	功能分区,交通流线	60%
具备场地掌控能力,能够通过设计,使场地中的各要素形成一个有机整体	场地的设计策略	20%
具备基于设计造型而进行相匹配的结构选型和基本材料选用的能力	结构选型,材料选用	20%

1.1 公共建筑概述

从广义上讲，公共建筑就是供人类进行各种公共活动的建筑，其有别于居住建筑与工业建筑等功能针对性较强的建筑类型。由于人类行为活动方式的多样化，公共建筑的类型囊括了医疗建筑、文教建筑、办公建筑、商业建筑、体育建筑、交通建筑、邮电建筑、展览建筑、演出建筑、纪念建筑等。

公共建筑的主要特点体现为：①使用上的公共性、开放性；②功能上的多样性；③人流交通的大量性；④建筑结构的复杂性；⑤建筑风格的时代性。

针对公共建筑的以上特点，本模块的公共建筑设计导入将由"功能与空间、场地与场所、结构与材料"三个互动部分组成，如图 1.1 所示。"功能与空间 (Function/Space)"部分主要解决"做什么 (What)"的问题；"场地与场所 (Site/Place)"部分主要解决"为什么这么做 (Why)"的问题；"结构与材料 (Structure/Material)"部分主要解决"如何做 (How)"的问题。这三个部分是构成公共建筑设计原理的主要框架，三者之间联系紧密。

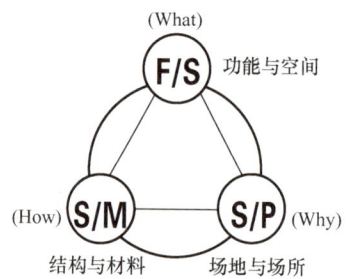

图 1.1 公共建筑设计的基本问题

1.2 功能与空间 (Function/Space)

本小节主要解决公共建筑设计中"做什么"的问题。公共建筑类型众多，不同类型都有何特点、差别？我们该如何针对不同类型的公共建筑进行设计？如何在设计中落实党的二十大报告提出的坚持以人民为中心的发展思想，坚持把实现人民对美好生活的向往作为设计的出发点和落脚点？

建筑并不同于绘画、诗歌、音乐等纯艺术，特别是服务于大众的公共建筑，首先应该满足建造目的赋予它的功能性。从这个意义上看，公共建筑是由交通空间将各种功能空间组织起来的空间集合。因而在建筑设计之初，需要对各种功能空间进行分区，通过流线来组织各种功能，从而实现其使用特性。

空间可以分为自然空间与建筑空间。在建筑空间中，公共建筑功能空间又可细分为不同类型。空间分类见表1.1。

表 1.1 空间分类

空间类型				
自然空间（图1.2）		建筑空间（图1.3）		
无组织的外部空间	有组织的外部空间	非公共建筑功能空间	公共建筑功能空间	
森林 湖泊 山脉 冰川 其他	城市 街道 广场 庭院 其他	居住建筑空间 工业建筑空间 农业建筑空间 军事建筑空间 其他	辅助空间	目的空间（各类功能性场所）
			交通空间 卫浴空间 设备机房	办公空间：办公室/会议室/报告厅 文化空间：展厅/教室/阅览室 餐饮空间：食堂/酒吧/餐厅/厨房 医疗空间：手术室/病房/急诊室

图 1.2 自然空间

图 1.3 建筑空间

1.2.1 功能分区原则

公共建筑的功能分区既要满足不同分区之间相对独立的使用要求，又要满足各个分区在使用中相互联系的要求。

对于功能较为简单的公共建筑，应在设计前运用逻辑思维对设计任务要求的建筑功能分区进行抽象的图解表述。此时建筑师首先关心的不应是功能分区的大小、形状，而是它们之间的配置关系。功能分区的配置关系可以通过泡泡图（或框图）来表示：其中"泡泡"为抽象的房间，"连接线"则为相互关系，如图 1.4 所示。我们以餐饮建筑为例，餐饮建筑在大的功能分区上可以分为餐厅与厨房两部分，餐厅部分为外向型公众活动空间，厨房部分作为支撑餐饮行为开展的服务性空间环绕在餐厅周边。在对大的功能分区进行划分后要对每部分内容进行深入细分，餐厅部分可能有大餐厅、包房、卫生间、大堂等内容，厨房部分则涵盖主食热加工、副食热加工、调料库、冷库、备餐等更为庞杂的内容，如图 1.5 所示。

图 1.4　餐饮建筑大的功能分区泡泡图

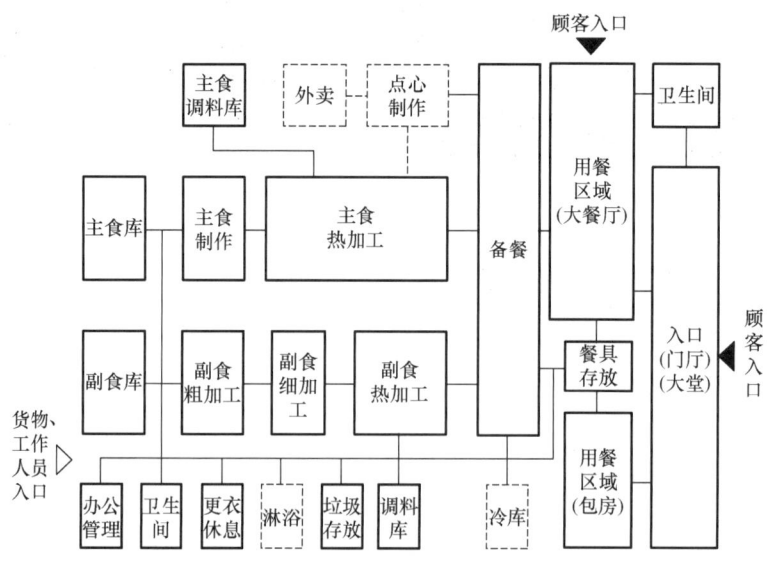

图 1.5　餐饮建筑功能分区及其关联性

在进行功能分区布局时，如图 1.6 所示，教师应向学生强调不能简单地站在就餐者角度思考如何排布功能利于就餐，也不宜为满足厨房繁复的加工流线而牺牲空间质量，而应将就餐与加工统筹起来考虑，从大的功能分区入手，对每个功能分区的要求及其相互关系进行认真细致的推敲、权衡。

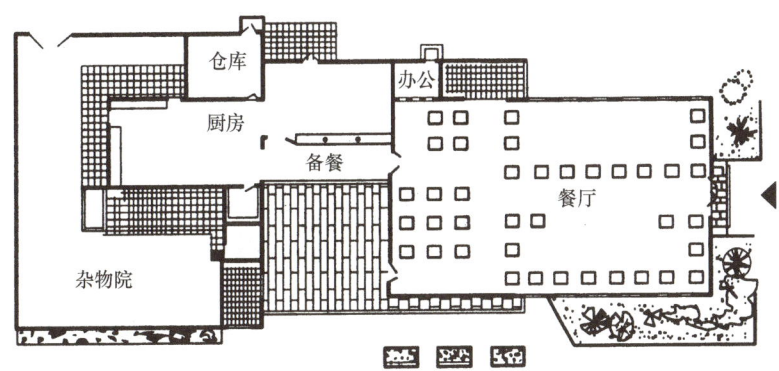

图1.6　某小型餐饮建筑平面功能分区示意

在对比较复杂的公共建筑排布功能分区时，则应以竖向功能分区的划分为重。下面以OMA（大都会建筑事务所）在哥本哈根设计的综合文化中心（图1.7和图1.8）为例，进一步说明比较复杂的公共建筑的功能分区方法。综合文化中心定位为建筑师之家，同时也为他们提供交流的平台，因此在以居住功能为主的基础上辅以办公空间、展览厅及多功能厅等功能空间。OMA在建筑的平面与竖向上进行了多重的功能分区，通过竖向功能分区可以比较直观地发现，右下角集中排布了办公空间，左上角集中布置了多功能厅等人流量较大的区域，较为私密的居住空间则穿插于其中。

图1.7　综合文化中心竖向功能分区

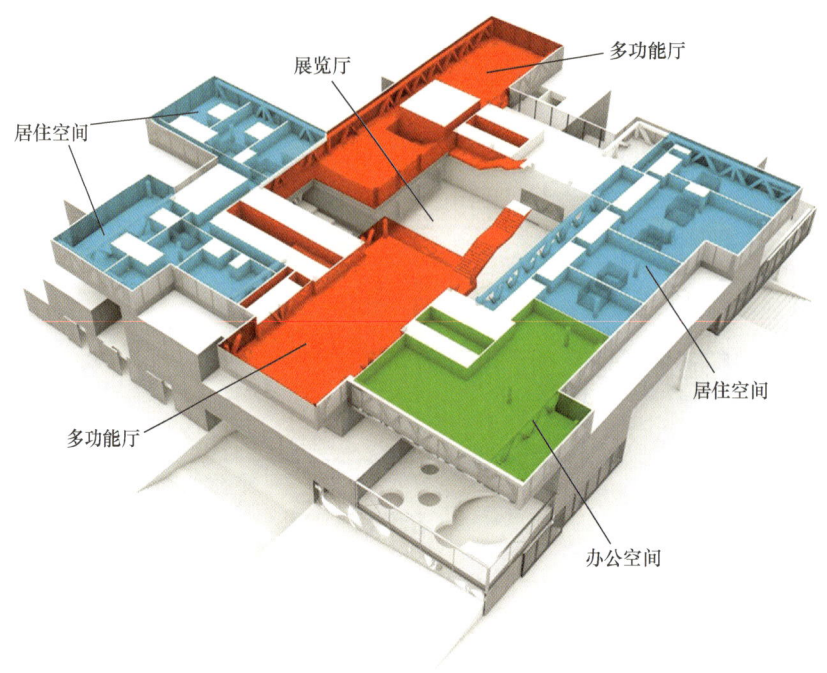

图 1.8 综合文化中心平面功能分区

1.2.2 空间组织方式

基于公共建筑的目的空间和辅助空间两种主要空间类型的关系，其空间形式大致可分为四种：分隔性空间、连续性空间、大跨性空间、竖向性空间。

1. 以分隔性空间为主体的组织

以分隔性空间为主体的组织是以交通空间为联系手段，组织各类房间，各房间在功能要求上需独立设置。这是一种使用比较广泛的组织形式，对于某些公共建筑类型来说尤其适用，如行政办公建筑、学校建筑、医院建筑等。布置方式可分为内廊式与外廊式两种。

① 内廊式。内廊式平面使用便捷，可以节约面积、降低造价，所以较为常用，但通常其采光、通风较差。以意大利 IaN+ 事务所设计的法兰克福欧洲中央银行项目（图 1.9）为例，建筑师通过将具有不同功能的空间在形态上做进退处理，并在其间加入半开放式庭院，同时使用对廊道进行拓宽并引入中庭等手法，针对内廊式存在的问题做出较好的解答。

② 外廊式。以致正建筑工作室和大正建筑事务所设计的华东师范大学第二附属中学前滩学校教学楼（图 1.10）为例，外廊式的使用空间几乎都可以争取到良好的朝向、通风和采光。

2. 以连续性空间为主体的组织

连续性空间多要求有一定的关联性，各空间在功能上具有相似性或者共同性，这种空间在一些展览建筑中经常出现。以连续性空间为主体的组织基本可以归纳为以下三种形式。

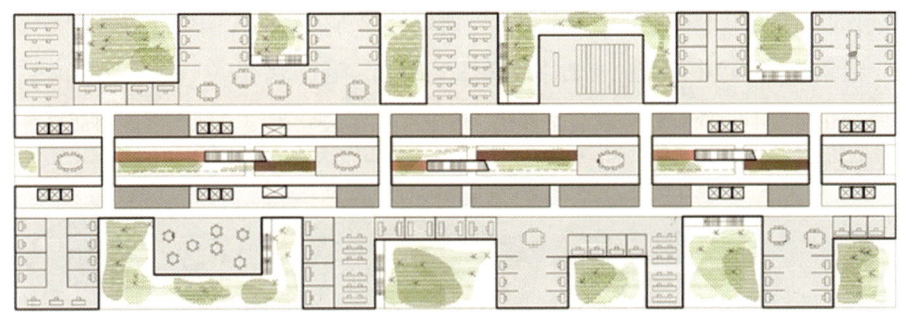

图1.9　IaN+事务所设计的法兰克福欧洲中央银行项目

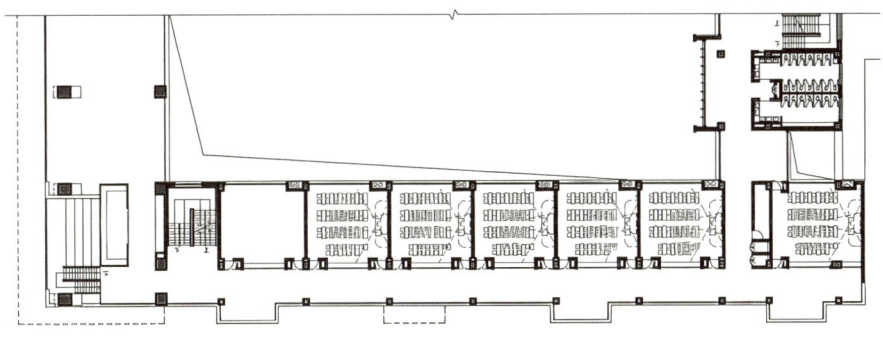

图1.10　华东师范大学第二附属中学前滩学校教学楼

① 串联的空间组织形式。以中国建筑西南设计研究院设计的三星堆博物馆新馆（图1.11）为例，建筑平面简洁，在使用上流线紧凑，参观路线不重复、不逆行、不交叉；但存在流线不灵活、人多时拥挤、不利于单独使用某空间等问题。

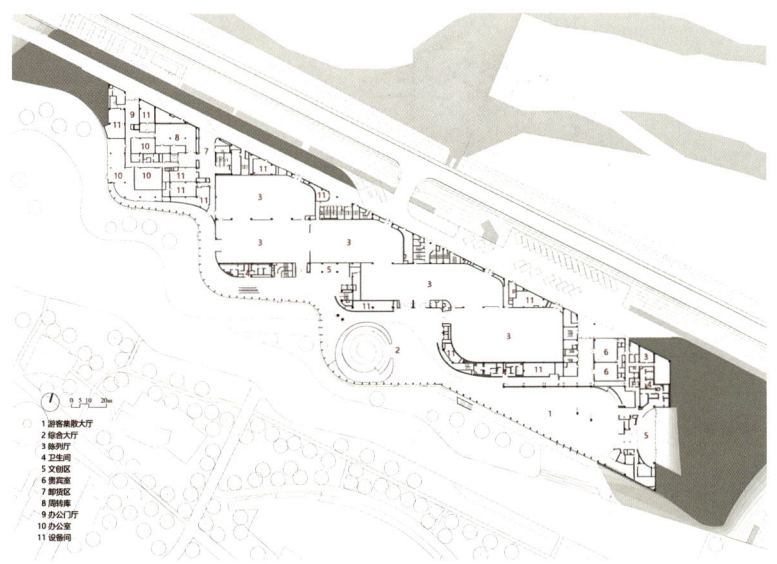

图1.11　中国建筑西南设计研究院设计的三星堆博物馆新馆

② 放射的空间组织形式。以 CEBRA 事务所设计的丹麦某幼儿园概念竞赛方案（图 1.12）为例，五个活动单元通过中部灰色交通空间联系在一起，流线简单紧凑、使用灵活，各空间可独立使用；但存在流线不明确、易造成交叉干扰，各空间内呈袋状流线、易产生迂回拥挤等问题。

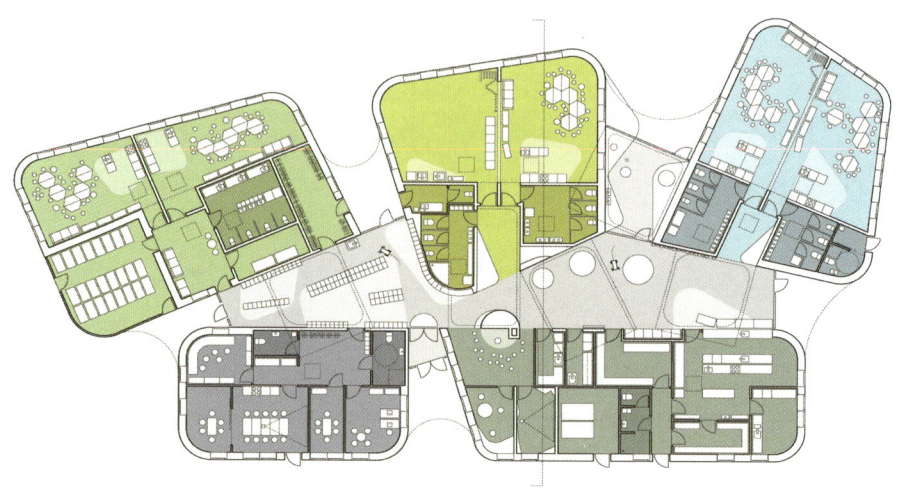

图 1.12 丹麦某幼儿园概念竞赛方案

③ 串联、放射、通道结合的空间组织形式。以 Studio Marco Vermeulen 设计的荷兰莎草森林国家公园博物馆（图 1.13）为例，建筑平面基本形态为六边形，各个主要空间单独串通，又能通过走廊间接联系，所以具备串联与放射组织形式的双重优点，即流线灵活、适应性强，空间组合紧凑；但存在面积较浪费、增加造价，人流大时较为拥挤、秩序混乱等问题。

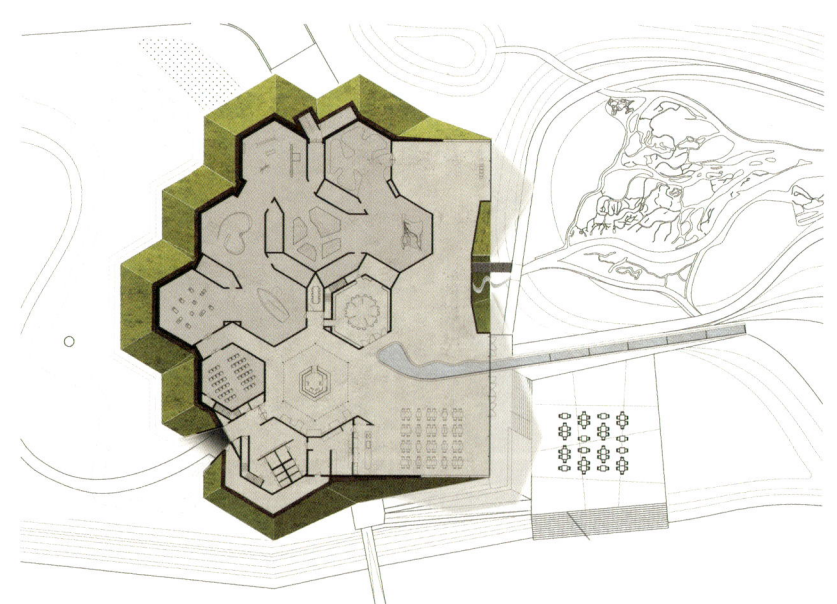

图 1.13 荷兰莎草森林国家公园博物馆

3. 以大跨性空间为主体的组织

这类建筑通常有一个比较大的空间作为活动中心，周围布置与其紧密联系的附属空间，如体育馆、影（剧）院、车站、航空港、大型商场等。以 Haworth Tompkins 事务所设计的利物浦剧院（图 1.14）为例，剧院结构形式主要为钢结构网架，所有的观演活动都可以按照不同的演出类型在大空间内灵活布置、分割。

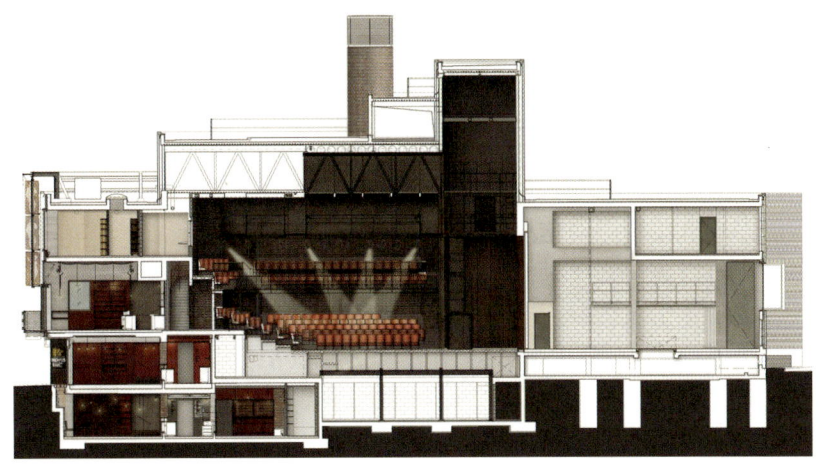

图 1.14　Haworth Tompkins 事务所设计的利物浦剧院

4. 以竖向性空间为主体的组织

这类建筑的垂直交通系统安排是布局关键。在结构体系上，不但要考虑垂直受力，还要考虑水平风力及地震力的影响。以德国 gmp 建筑事务所设计的郑州郑东绿地中心双塔（图 1.15）为例，建筑平面充满不规则变化，作为交通核的结构核心筒与柱网非常规整，建筑平面空间围绕交通核展开。由于平面轮廓的不规则性，建筑平面的不同区域会产生不同的空间效果。

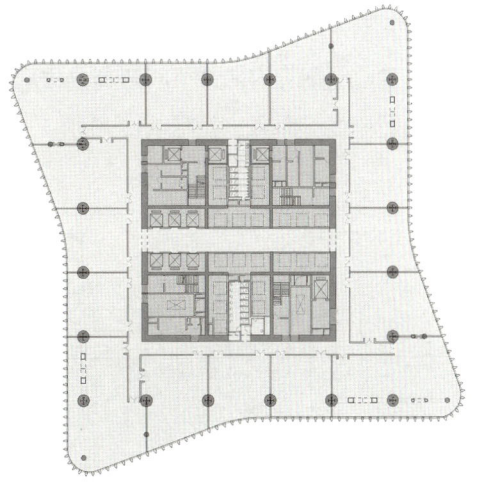

图 1.15　gmp 建筑事务所设计的郑州郑东绿地中心双塔 12 层平面图

1.2.3　流线组织原则

组织使用功能分区的流线时，应根据不同的功能分区对外及互相之间的联系需求，有效安排各种不同性质的出入口和交通空间，同时应明确区分不同性质的流线，避免各种流线彼此之间的干扰。流线组织应简捷明确，避免迂回或迷宫式设计。流线需符合消防、疏散规范，确保紧急情况下人员快速、安全撤离。下面以几类公共建筑为例说明功能分区与流线组织的关系。

展览建筑功能分区主要由展厅、报告厅、休息室等供参观者使用的外向性空间和办公、修缮、仓储空间等供办公人员使用的内向性空间两部分构成。两者在功能上要求独立设置流线和出入口的同时，还要有一定的需要联系的区域，如仓储与展厅。展览建筑的主要流线可分为参观者流线、办公人员流线及展品流线，如图1.16所示。

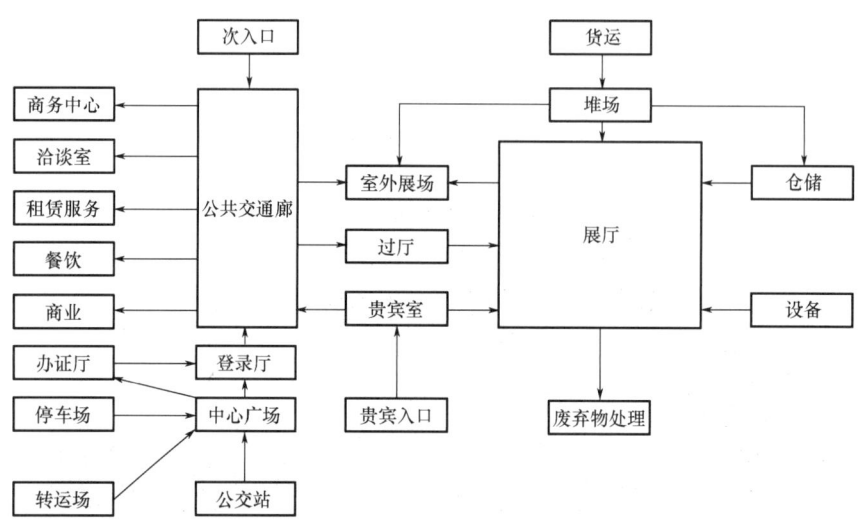

图1.16 展览建筑功能分区图（流线图）

商业建筑功能分区主要由供购物者使用的营业厅等外向性空间和供服务人员使用的办公、仓储、验收空间等内向性空间两部分构成。商业建筑流线的组织应重点区分主顾客流、货流及服务人员流线等内容，如图1.17所示。

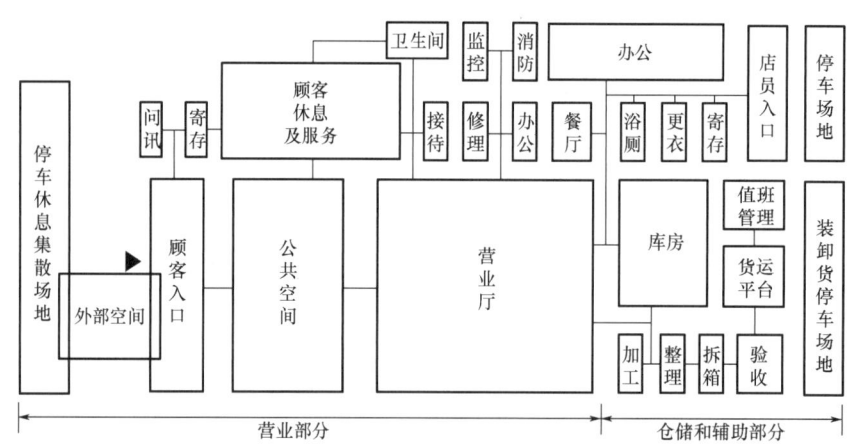

图1.17 商业建筑功能分区图（流线图）

小型火车站的主要功能分区可为行包托取区、售票区、检票区、安检区等，由于火车站人流密集，在流线安排上主要需考虑进站人流与出站人流如何做到不交叉，能够快速疏散人群，如图1.18所示。

小型电影院的主要功能分区可为观众厅、放映区、设备区、售票区等，电影院的流线较为单一，流线集中体现为观众观影流线，如图 1.19 所示。

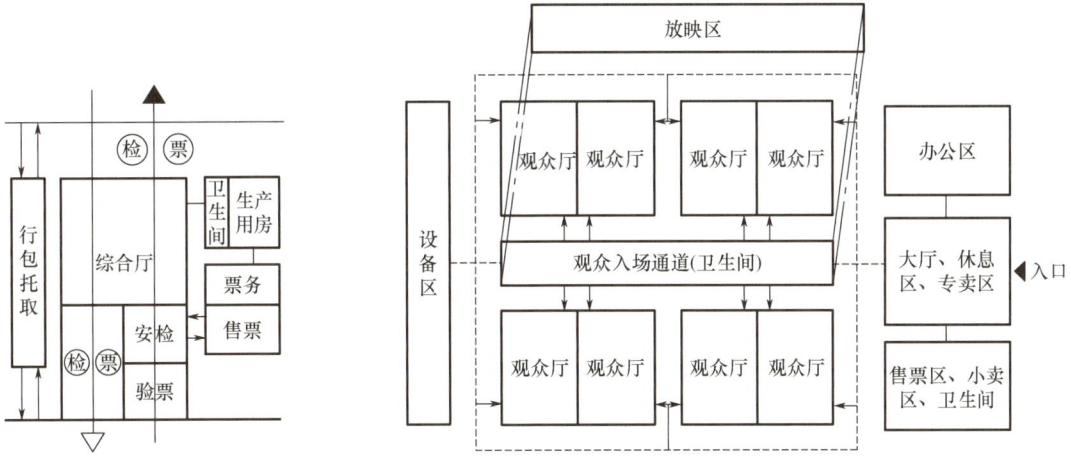

图 1.18　小型火车站功能分区图（流线图）　　图 1.19　小型电影院功能分区图（流线图）

1.3　场地与场所（Site/Place）

 特别提示

本小节主要解决公共建筑设计中"为什么这么做"的问题。由于公共建筑所处环境多样，可以在城市，可以在郊野；可以滨水，可以依山。那么不同的环境究竟会如何影响公共建筑的设计？不同类型的公共建筑又该如何回应多样的环境？如何树立和践行党的二十大报告提出的绿水青山就是金山银山的理念，实现人与自然的和谐共生？

安藤忠雄在《建筑的过程》中指出，他的作品旨在探索是否能对人们所处的、广义上的环境有所刺激。这里的"环境"是指包括历史和场所特征所代表的不可见价值在内的一切关系的总和，它包括物质环境、社会环境和精神环境。物质环境从住宅一直延伸到城市和自然，社会环境从个人延伸到家庭和社区，精神环境则从外部延伸到个体自身。在公共建筑设计中，安藤忠雄所谓的环境可以从场地与场所两个层面解读。

1.3.1　场地因素

公共建筑服务于公众，所以其所处场地通常位于城市中比较重要的位置。场地对于公共建筑来说，首先起着约束和控制作用，它是公共建筑生成的重要因素；同时因为在场地中生成的建筑，必然成为场地中的新要素，所以它又反作用于场地。伦佐·皮亚诺用"participating"一词来表达场地与建筑的关系，建筑不是被动地放入场地，而是"参加"进去的。因此，两者不是简单的叠加关系，而是存在某种必然的、内在的联系。在此意义上，公共建筑在设计之初就面临着如何与场地对话、如何充分挖掘场地潜力等诸多问题。

公共建筑所处的场地多数情况下都位于城市中，周边布有已建建筑、城市道路等现状要素，所以场地形态比较多样化。在城市规划中，场地划分的数量和使用性质通常由以下几个指标控制。

（1）建设用地红线

建设用地红线指业主（开发商、建设单位或土地使用者）所取得使用权的土地边界线，又称征地线。在土地私有的西方国家，建设用地红线一般被称为地产线（Property Line）。建设用地红线是场地的最外围界线，它侧重于强调对土地的使用、收益和处分等权能的财富属性和经济责任，具有严谨的法律意义，但并不是对场地可建设范围的最终限定。

（2）道路红线

道路红线指城市道路用地的规划控制线，道路红线与建设用地红线的几种关系如图1.20所示。道路红线的限定范围由城市市政、交通运输部门统一建设管理。建筑的地下室、基础及地下管线一般不允许凸入道路红线内；对于建筑的窗罩、遮阳设施、雨篷、挑檐等凸入道路红线内的建筑构件，其宽度和高度要符合相关规范规定。

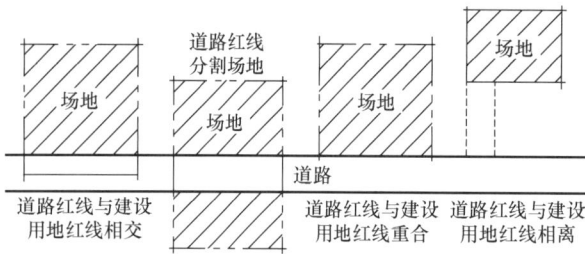

图1.20　道路红线与建设用地红线的几种关系

（3）建筑红线

建筑红线又称建筑控制线，是建筑基底位置的控制线。建筑红线所划定的范围就是可建建筑的区域范围，其影响因素主要有以下两点。

① 道路红线后退。根据城市规划需要，规划部门会将建筑红线后退道路红线一定距离，所退让出的区域将作为城市绿带或城市管网铺设的区域等。

② 建设用地边界后退。在确定建筑基底位置时，还要考虑该建筑与相邻场地或建筑之间的关系，通常需要满足防火间距、消防通道和日照间距等要求。

1.3.2　场地处于城镇中的设计策略

本小节将着重分析不同场地形态与建筑形体之间的相互关系，探讨如何用建筑语言来回应场地。

1. 边界以直线形态为主的场地

受城镇环境中众多人工要素影响，围合场地的边界通常以直线为主。通常采用建筑形体边界顺应场地的设计手法来回应直线形边界。图 1.21 和图 1.22 为 Magén Arquitectos 事务所设计的某集合公寓,建筑师根据场地被城市路网切割出的直角梯形轮廓,选择了使用直线与斜线组合的方法回应场地。

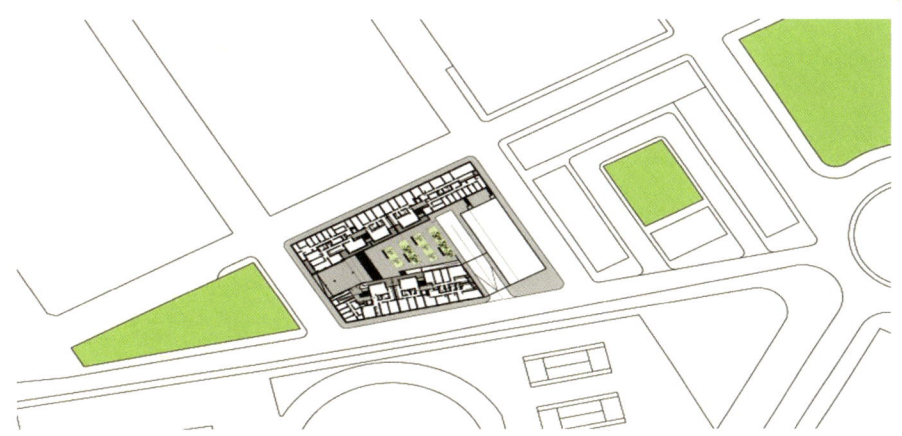

图 1.21　某集合公寓总平面图

图 1.22　某集合公寓沿街透视图

2. 边界以曲线形态为主的场地

　　城镇环境的复杂性决定了场地形态的不规则性。当场地边界主要特征为曲线时,通常的处理手法有两种:直线形建筑用有规律的错动回应场地;曲线形建筑用相同律动的曲线回应场地。Arons en Gelauff 建筑事务所设计的流浪动物收容中心，建筑师根据场地的曲线边界，同时使用了直线与曲线来回应场地，如图 1.23 和图 1.24 所示。

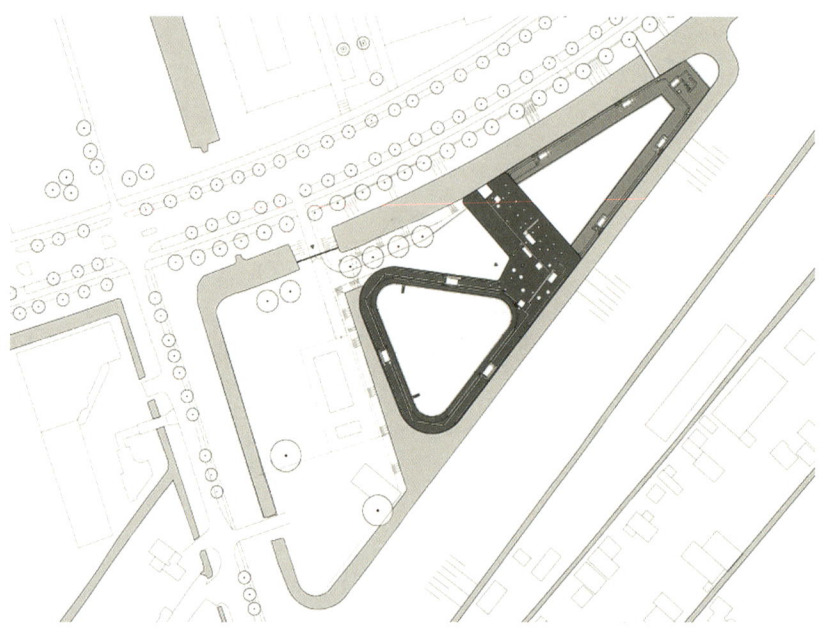

图 1.23　流浪动物收容中心总平面图

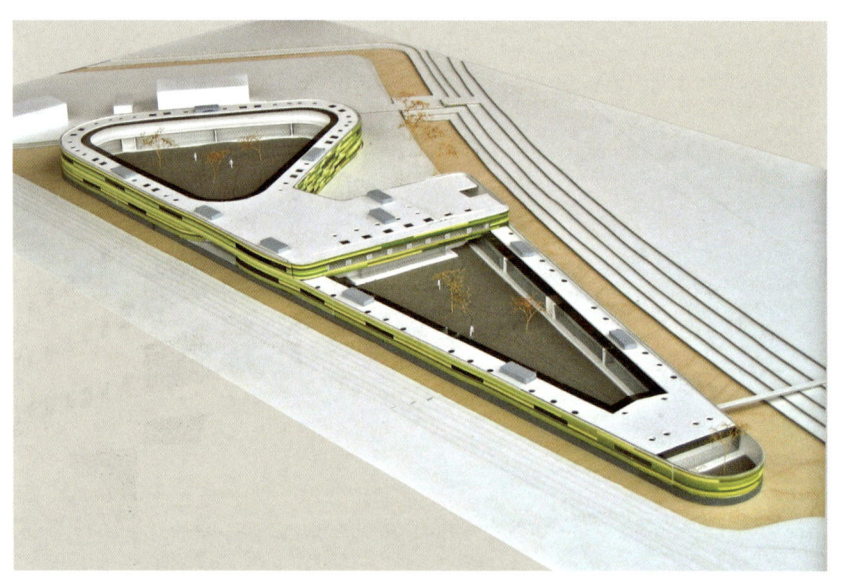

图 1.24　流浪动物收容中心模型

3. 边界以不规则复合形态为主的场地

在某些情况下，建筑的场地是各种城镇要素和自然环境围合所形成的"空白"，场地的边界会呈现出不规则的复合形态。场地形态上的诸多制约条件虽然给建筑设计带来了一定的难度，但往往也成为建筑设计立意的切入点。图1.25和图1.26为建筑师Dominique Perrault为马德里的曼萨纳雷斯公园设计的多功能体育中心，项目场地北侧为河流转弯处，南侧为城市道路，建筑师主要采用了节奏的变化、自然水系的引入与架设连廊等手法回应场地。

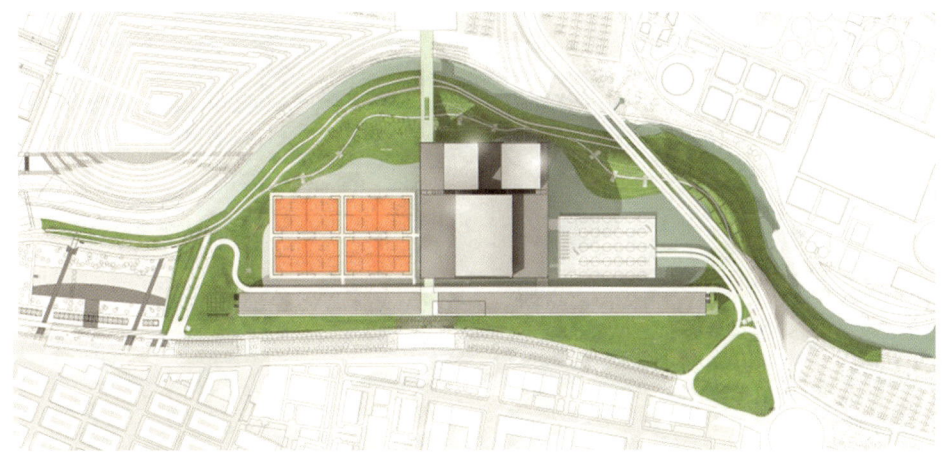

图1.25 多功能体育中心总平面图

图1.26 多功能体育中心效果图

4. 周边建筑制约的场地

公共建筑很少能够在城镇中任选场地建造，更多时候是在城镇环境中"填空"。在城镇某些功能和形态较为多样的区域，或周边已有建筑占据的破碎地段中，新建的公共建筑无疑承担着整合周边地段环境的使命。此时设计要分析场地所处环境原有的结构特征，重点考虑与场地场景、周边建筑、景观结构之间的顺应和重整。图1.27和图1.28为BIG事务所为世界女性运动会设计的运动员公寓，项目处于城市路网规整的区域，建筑师根据场地周边道路形态，使用了建筑外围顺应场地,内部通过拉伸、穿插等一系列造型手法来回应场地。

图1.27　BIG事务所设计的世界女性运动会运动员公寓总平面图

图1.28　BIG事务所设计的世界女性运动会运动员公寓鸟瞰图

1.3.3　契合自然场地的设计策略

　　探讨场地的自然属性对公共建筑设计的影响,关键在于发掘建筑与自然场地的契合点。场地的地质、坡度、地貌等现状条件,都是直接影响建筑设计的重要因素。

1. 坡地场地

自然坡地的起伏，往往会成为建筑设计的关键制约因素。在公共建筑设计中要充分利用这种地势的特殊性，借此创造出丰富的空间层次和独特的建筑形体。图 1.29～图 1.31 为研筑舍建筑事务所设计的四川省峨边彝族自治县黑竹沟禅驿精品酒店接待中心，顺应地势，让建筑形体呈现出自然跌落的态势，与场地融为一体，面向峡谷景观面展开，为建筑争取到最大景观视野，然后用连续的坡屋顶进行统一。

坡地场地

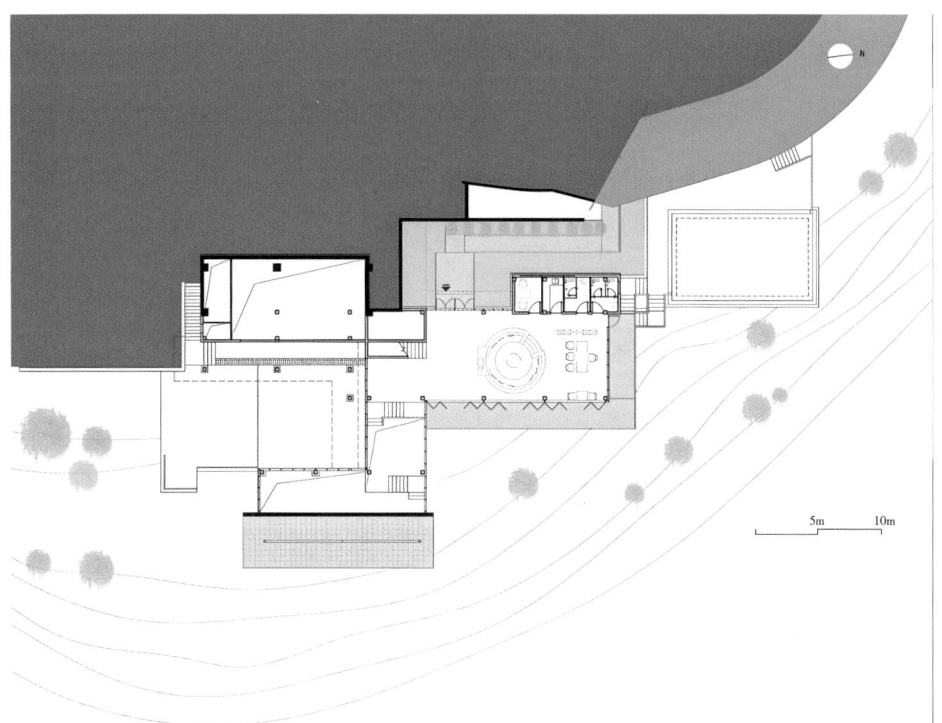

图 1.29　黑竹沟禅驿精品酒店接待中心 ±0.000 标高平面图

图 1.30　黑竹沟禅驿精品酒店接待中心剖面图

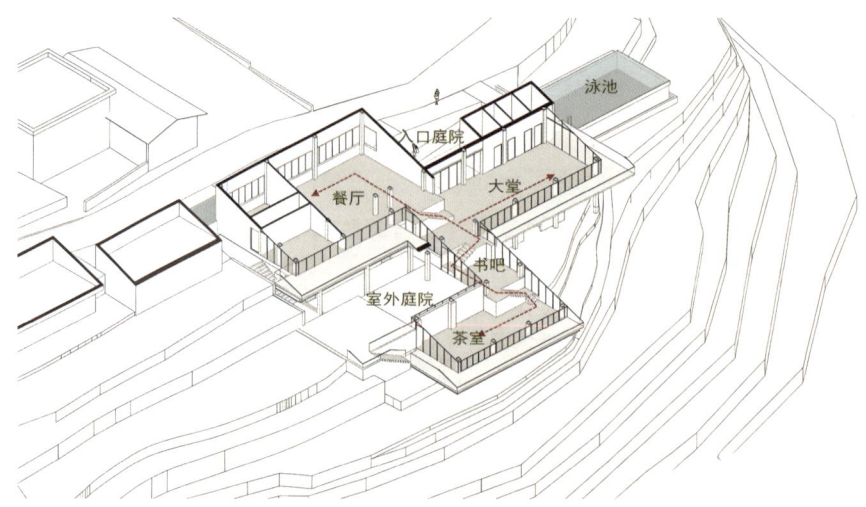

图 1.31　黑竹沟禅驿精品酒店接待中心空间结构图

2. 平原场地

由于自然场地具有与城镇完全不同的风貌和特质，因此在平原场地进行建筑设计时，不能简单套用城镇中平坦场地的设计方法，而应寻找建筑形体与场地形态的切入点。既要保护自然地貌，又要合理利用自然环境，使建筑本体与自然场地形成良好对话的互动关系。图 1.32 和图 1.33 是 ASA 事务所为巴西坎皮纳斯大学设计的探索科学博物馆，坎皮纳斯大学整个校园位于平原地区，校园核心区呈同心圆状，探索科学博物馆位于核心区东侧空旷的平原地带。ASA 事务所选取的方式是变异圆形与多样矩形的叠加。可以看到，探索科学博物馆的形态既传承了核心区的精髓又采用了与之不同的构成方法，使其与核心区形成了良好的对话。

图 1.32　ASA 事务所设计的坎皮纳斯大学探索科学博物馆方案总平面图

图1.33 ASA事务所设计的坎皮纳斯大学探索科学博物馆方案模型

3. 滨水场地

场地选取滨水区域的公共建筑，通常对于建筑品质要求较高，既要顺应滨水区水景的特色，又要与场地有良好的对话措施。由于自然水体的流动性和界限的不确定性，滨水场地内的建筑形体通常采取比较轻盈、通透、建筑轮廓自由流畅的设计手法。图1.34和图1.35为RMJM事务所为美国康奈尔大学设计的鸟类学实验室，通过总平面图可以看到，建筑由顺应林道的直线与呼应水体的自由曲线构成了主要形体。

图1.34 RMJM事务所设计的康奈尔大学鸟类学实验室总平面图

图1.35 穿过水体远看康奈尔大学鸟类学实验室

1.3.4 场所的概念

相对"场地"的客观实在而言,"场所"更多地注重隐匿其中的精神潜力。从某种意义上讲,场所就是"领域",是使用者根据自己的活动需要,对空间使用方式的规划。如果想让所处场地内的公共建筑成为一个有意义的场所,就必须了解使用者的需要,以及他们对空间的使用方式。在公共建筑设计中所追求的场所精神,实质上就是要挖掘出使用者所认同的和使其有归属感的环境特征,包括物质形态特征和由此引发的种种精神文化联想。图1.36为Snohetta事务所设计的处于滨水场地的挪威奥斯陆歌剧院,建筑师在亲水区广场与建筑主体之间采用斜向坡道连接,将广场直接过渡至建筑主体屋面,彻底模糊掉建筑与场地之间的界限,让歌剧院在没有演出的时候依然能够成为参与公众城市生活的良好场所。

图1.36 挪威奥斯陆歌剧院

1.4 结构与材料 (Structure/Material)

本小节主要解决公共建筑设计中"如何做"的问题。不论公共建筑为何种类型、处于何样的地形条件,公共建筑最终呈现的客观实体都是由可实施的结构和可视化的内部及外部材料所组成的。

1.4.1 公共建筑设计中的结构概念

在公共建筑设计学习过程中,学生并不需要掌握结构计算的具体方法,但需要具备能够基于设计造型而进行相匹配的结构选型的能力。所谓结构选型是指根据建筑概念、形态意向、建筑规模、经济要素等,选择合适的结构系统用以承受自重、水土压力、设备重量及外部荷载,确保建筑的整体刚度和稳定性;同时还要兼顾力与形的关联,将结构中由拉力、压力、弯曲、剪切等造成的紧张态势或动静感受都以造型要素真实地体现出来,图 1.37 所示的 Morphosis 事务所设计的卡希尔天文学和天体物理学中心就是一个很好的例子。

图 1.37 卡希尔天文学和天体物理学中心

1. 结构选型的原则

(1)适应建筑功能要求

对于有些公共建筑,其功能有视听要求。例如,体育馆为保证较好的观看效果,比赛大厅内不能设柱,必须采用大跨度结构;大型超市为满足消费者的购物需要,室内空间应具有流动性和灵活性,所以应采用框架结构。

(2)满足建筑造型需要

对于建筑造型复杂、平面和立面特别不规则的建筑,要按实际需要在适当部位设置防震缝,形成较多规则的结构单元。

(3)充分发挥结构自身优势

每种结构形式都有各自的特点和不足,有其各自的适用范围,所以要结合建筑设计的具体情况进行结构选型。

（4）考虑材料和施工的条件

材料和施工技术不同，建筑结构选型也不同。例如，砌体结构所用材料多为就地取材，施工简单，适用于低层、多层建筑；当钢材供应紧缺或钢材加工、施工技术不完善时，不可大量采用钢结构。

（5）尽可能降低造价

当几种结构形式都有可能满足建筑设计条件时，经济条件就是决定因素，尽量采用能降低工程造价的结构形式。

2. 建筑结构的组成（图1.38）

（1）承受竖向荷载的水平构件

①板：板的长、宽两个方向的尺寸远远大于其厚度尺寸。板有平板、曲面板和斜板。

②梁：梁的截面宽度和高度尺寸远远小于其跨度尺寸。梁有直梁、曲梁和斜梁。

③桁架、网架：由杆件组成，且杆件截面尺寸远远小于其长度尺寸。

（2）支撑水平构件或承担水平荷载的构件

①柱：柱截面尺寸远小于其高度，承受梁传来的荷载。

②墙体：墙体的长、宽两个方向的尺寸远大于其厚度尺寸，承受梁、板传来的荷载。

③基础：基础是建筑与地基相联系的部分，承受建筑的全部荷载并传至地基。

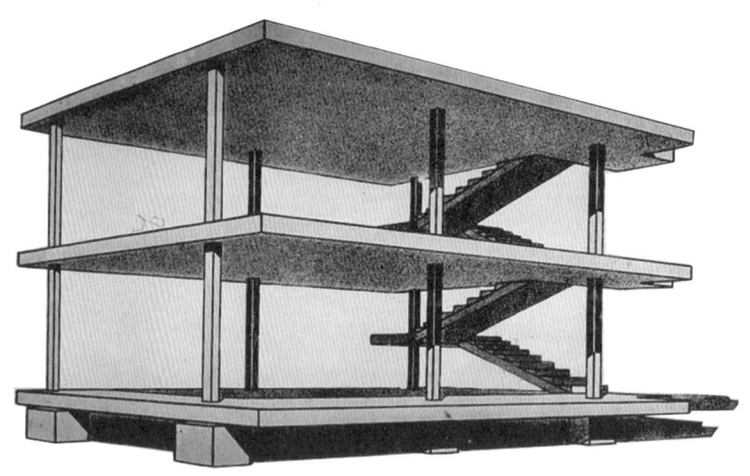

图1.38 建筑结构的组成

3. 建筑结构的类型

建筑结构的类型，可以根据建筑结构的外形特点、建筑结构采用的材料、建筑结构的主要结构形式、建筑结构的受力特点四种方式分类，不同分类方式下的建筑结构类型见表1.2。

表 1.2　建筑结构的类型

分类方式	建筑结构类型
根据建筑结构的外形特点分类	单层结构（1～3层，多用于单层厂房、食堂、影剧院、仓库） 多层结构（2～6层） 高层结构（一般在7层以上） 大跨度结构（跨度为40～50m）
根据建筑结构采用的材料分类	钢筋混凝土结构 砌体结构（砖砌体、石砌体、小型砌块、大型砌块、多孔砖砌体结构） 钢结构 木结构 塑料结构 薄膜充气结构
根据建筑结构的主要结构形式分类	墙体结构 框架结构 框架 – 剪力墙（抗震墙）结构 剪力墙结构 筒体结构 桁架结构 拱式结构 网架结构（以网架作屋盖） 空间薄壁结构（包括薄壳、折板、幕式结构） 悬索结构（以钢缆或钢拉杆为主要承重构件）
根据建筑结构的受力特点分类	平面结构体系 空间结构体系

1.4.2　常用的建筑结构形式

1. 框架结构

（1）框架结构的概念

框架结构是由梁和柱刚性连接的骨架结构，如图1.39所示。

（2）框架结构的特点

① 框架结构的承重结构和围护、分隔构件完全分开，墙只起围护和分隔作用。

② 框架结构平面布置灵活，能够满足生产工艺和使用功能的要求。

③ 框架结构采用的材料是型钢和钢筋混凝土，有很好的抗压和抗弯能力，由于梁、柱刚接，抗侧移和抗震动能力强，因此，其抗震性、整体性和延性较好，适用于多层和高度不超过60m的高层建筑。

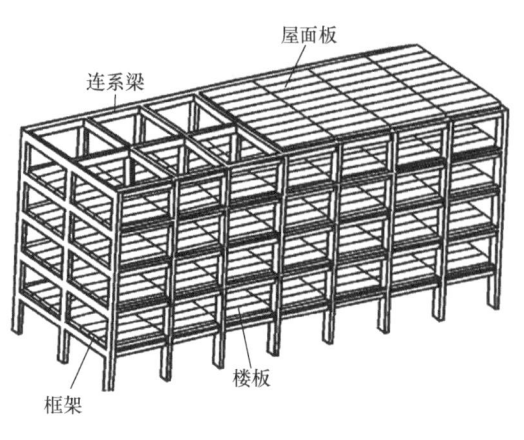 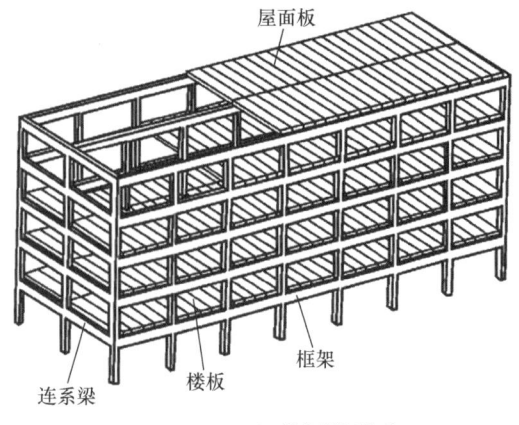

(a) 横向框架体系　　　　　　　　　　　　(b) 纵向框架体系

图 1.39　框架结构

（3）框架结构的类型

① 按构件组成划分，有梁板式结构（由梁、板、柱三种基本构件组成的骨架结构）和无梁式结构（由板和柱组成的骨架结构）两种类型。

② 按框架的施工方法划分为四种类型。

a. 现浇整体式框架结构：框架全部构件均在现场浇筑成整体，具有整体性和抗震性好、构件尺寸不受标准构件限制的特点。

b. 装配式框架结构：框架全部构件采用预制装配，具有可加快施工进度、提高建筑工业化程度的特点，但节点构造刚性差、抗震性差。

c. 半现浇式框架结构：梁、柱现浇，楼板预制或现浇，梁板预制，具有梁和柱整体性好、可节约模板的特点。

d. 装配整体式框架结构：预制梁、柱，装配时通过局部现浇混凝土使构件连接成整体，结构的整体性和抗震性介于现浇整体式和装配式之间，保证了节点的刚度，比现浇整体式节省模板，加快了施工进度，但增加了后浇混凝土的工序。

（4）框架结构的布置

① 布置原则。

建筑平面形状和立面体型宜简单、规则，使各部分刚度均匀对称；控制结构的高宽比（一般高宽比设为 5～7），减少结构在水平荷载作用下产生的侧移；房屋的总长度宜控制在最大伸缩缝间距内，减少温度裂缝；框架梁宜拉通、对直，框架柱宜上下对中，梁、柱轴线宜在同一竖向平面内；尽量统一柱网及层高，以减少构件的种类和规格，简化设计及施工。

② 柱网及层高布置。

框架结构的柱网由柱距和跨度组成。框架结构的柱网尺寸和层高主要由使用功能的要求决定，并符合建筑模数，力求柱网平面简单规则，便于布置模板。

公共建筑的类型较多，功能要求各不相同，因此柱网和层高的变化也大，在无特殊要求时，柱网一般以300mm为模数。例如，办公楼、旅馆的框架结构柱网尺寸，柱距可采用6.3m、6.6m和6.9m，跨度可采用4.8m、5.1m、6.0m、6.6m和6.9m，层高可采用3.0m、3.3m、3.6m、3.9m和4.2m。

框架柱网布置简单、规则、整齐，对结构是非常有利的，经济效果也好。但有些建筑平面采用复杂的轮廓来表现建筑的艺术效果，这就出现了在复杂的建筑平面形式上力求简单的柱网布置的协调问题。图1.40是几种典型的框架结构柱网平面布置方法。

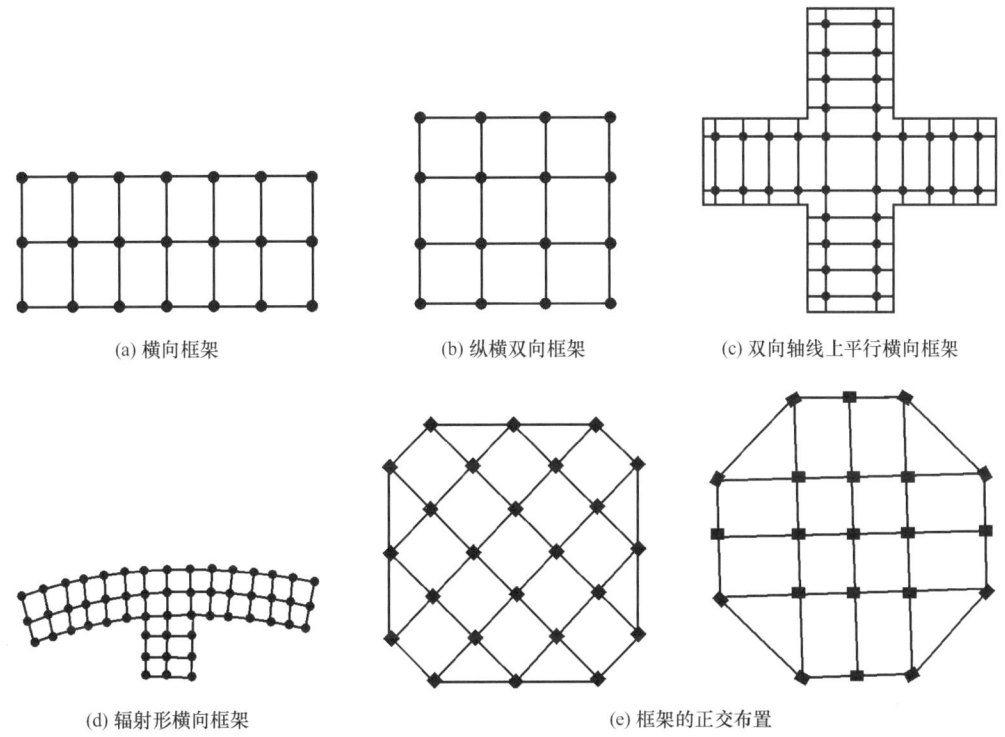

图1.40　框架结构柱网平面布置方法举例

③平面布置。

a. 横向框架承重布置，如图1.41（a）所示。

这种布置以横向框架作为主要承重框架，横向的梁为框架（主）梁，纵向的梁为连系梁，具有结构合理、利于立面处理和屋内采光等特点，但只适用于非地震区。

b. 纵向框架承重布置，如图1.41（b）所示。

这种布置以纵向框架作为主要承重框架，纵向的梁为框架（主）梁，横向的梁为连系梁，有利于楼层净高的有效利用，同时房间的划分比较灵活，但横向刚度差，不适用于地震区。

c. 纵横向框架承重布置，如图1.41（c）所示。

当房屋平面为正方形（或接近正方形）或房屋有抗震设防要求时，由于纵横两个方向的受力相差较小，此时两个方向的框架都应具有足够的强度和刚度，故应采用纵横两个方向的框架作为主要承重框架，这种布置适用于地震区。

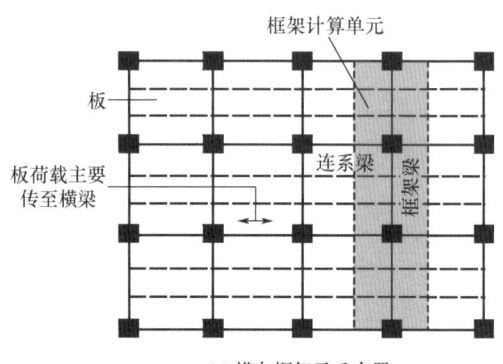

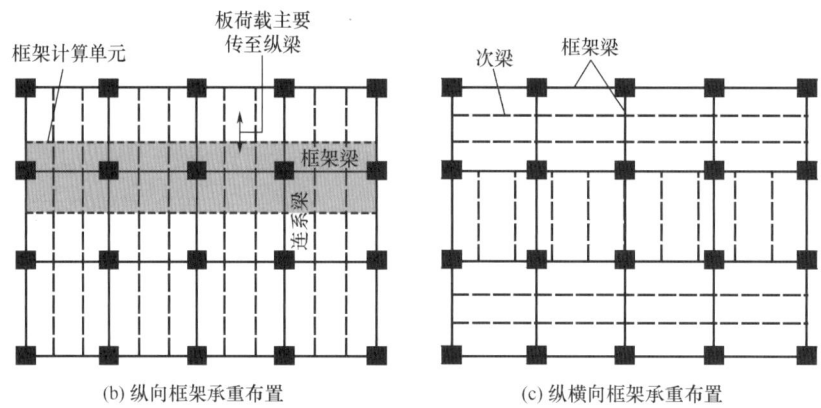

图1.41 框架结构平面布置

2. 剪力墙结构

（1）剪力墙的概念和作用

剪力墙是一种抵抗竖向荷载引起的轴向作用和风、地震等水平荷载引起的剪切、弯曲作用的结构单元。

剪力墙是建筑的承重墙，同时也是围护墙和分隔墙，因此剪力墙的布置必须满足建筑平面布置和结构布置的要求。此外，剪力墙有较强的承载能力，同时也具有很好的整体性和空间作用，可作为抗侧力构件用于高层建筑。

（2）剪力墙结构的概念

剪力墙结构是全部由剪力墙组成的结构体系，其墙体的布置实际上等于将砌体结构的块体承重墙换成现浇的钢筋混凝土墙。受剪力墙间距的限制，剪力墙结构建筑的平面开间布置不灵活，所以该结构用于旅馆、公寓住宅等建筑较为适宜。

剪力墙结构的楼盖结构一般采用钢筋混凝土平板，可不设梁，这样可节约层高。

（3）剪力墙结构的布置

剪力墙结构通常采用平面布置的形式。由于剪力墙结构的钢筋混凝土墙承受全部竖向荷载和水平力，因此剪力墙应双向或多向布置，并且拉通对直，如图1.42所示。

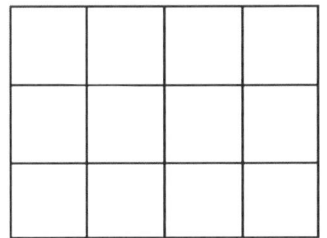 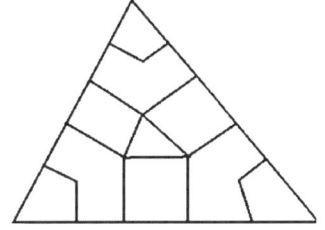

图1.42　剪力墙结构平面布置

对于矩形、L形、T形平面，剪力墙沿两个正交的主轴方向布置；对于三角形、Y形平面，剪力墙沿三个方向布置；对于正方形、圆形和弧形平面，剪力墙可沿径向及环向布置。

剪力墙的平面布置在方案设计阶段就要合理地确定，尽量对称、均匀，且数量适当。剪力墙长度不宜过长，过长会导致结构刚度过大，增大抗震能力，不经济。剪力墙结构为6～7m的大开间比3～3.9m的小开间经济，能降低材料用量，增加使用面积。剪力墙上的洞口宜上下对齐，并列布置。

（4）剪力墙结构的适用范围

由于剪力墙结构全部由纵横墙体组成，其刚度比框架-剪力墙结构更好，对于40层以下的高层住宅、高层旅馆、公寓十分适用。剪力墙结构建筑高宽比不宜大于6，其高度要考虑抗震要求，7度抗震设防时为139m左右，8度抗震设防时为120m左右，9度抗震设防时为70m左右。

3. 框架-剪力墙结构

（1）框架-剪力墙结构的概念

框架-剪力墙结构是由框架与剪力墙组合而成的结构体系，如图1.43所示。在整个框架-剪力墙结构体系中，框架与剪力墙同时存在，剪力墙承担绝大部分的水平荷载，而框架则以承担竖向荷载为主，两者共同受力，合理分工。

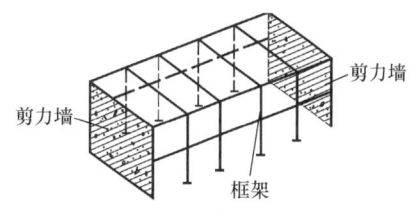

图1.43　框架-剪力墙结构

（2）框架-剪力墙结构的剪力墙布置

剪力墙宜均匀布置在建筑的周边、楼梯间、电梯间、平面形状变化和竖向荷载较大的部位等，平面形状凹凸较大时，宜在凸出部分的端部附近布置剪力墙。不宜在伸缩缝和防震缝两侧同时布置剪力墙，纵向剪力墙不宜布置在端部，而应布置在中部。纵横剪力墙宜组成L形、T形和槽形等形式。剪力墙不宜太长，总高度与长度之比宜大于2。剪力墙宜贯通建筑的全高，避免刚度突变。

图1.44是框架-剪力墙结构根据建筑平面几何图形进行剪力墙布置的典型平面。

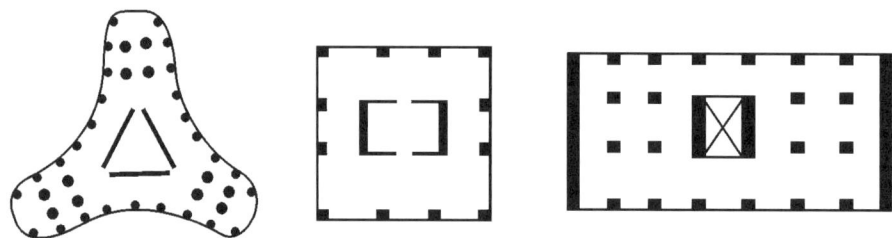

图1.44 框架-剪力墙结构剪力墙布置的典型平面

（3）框架-剪力墙结构的适用范围

框架-剪力墙结构适用于25层以下的建筑，最高不宜超过30层。由于其结构底部与上部结构刚度不同，易产生突变，故抗震性差，因此对抗震要求较高的房屋，宜经过专门的试验研究后方可使用框架-剪力墙结构。

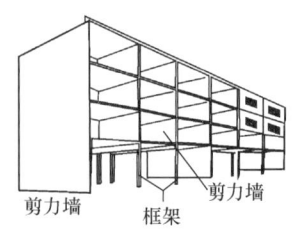

图1.45 高层建筑中的框架-剪力墙结构

为满足高层建筑多功能、综合用房的需要，顶部楼层宜采用剪力墙结构以满足旅馆和住宅的要求；中部办公用房则需要中、小室内空间同时存在，宜采用框架-剪力墙结构；底部用作商店或停车场需要大空间，则宜加大柱网，尽量减少墙体，如图1.45所示。

4. 筒体结构

（1）筒体结构的概念

由若干纵横交接的剪力墙集中到房屋内部或外部形成封闭筒体的骨架结构称为筒体结构。筒体可以由剪力墙组成，也可以由密柱框筒组成。

（2）筒体结构的类型

① 筒体-框架结构。由中央剪力墙核心筒和周边外框架组成的结构称为筒体-框架结构，也称框架-核心筒结构。

② 框筒结构。中央为内框架，周边由间距较密的柱子与每层楼层处的深肩梁刚性连接在一起组成矩形网络的外筒体称为框筒结构。

③ 筒中筒结构。由中央剪力墙内筒和周边外筒组成的结构称为筒中筒结构。内筒可布置服务设施，外筒则可安装立面玻璃幕墙。

④ 多筒体结构。由中央剪力墙内筒和周边角筒组成的结构为多筒体结构，也称组成筒。

各种筒体结构如图 1.46 所示。

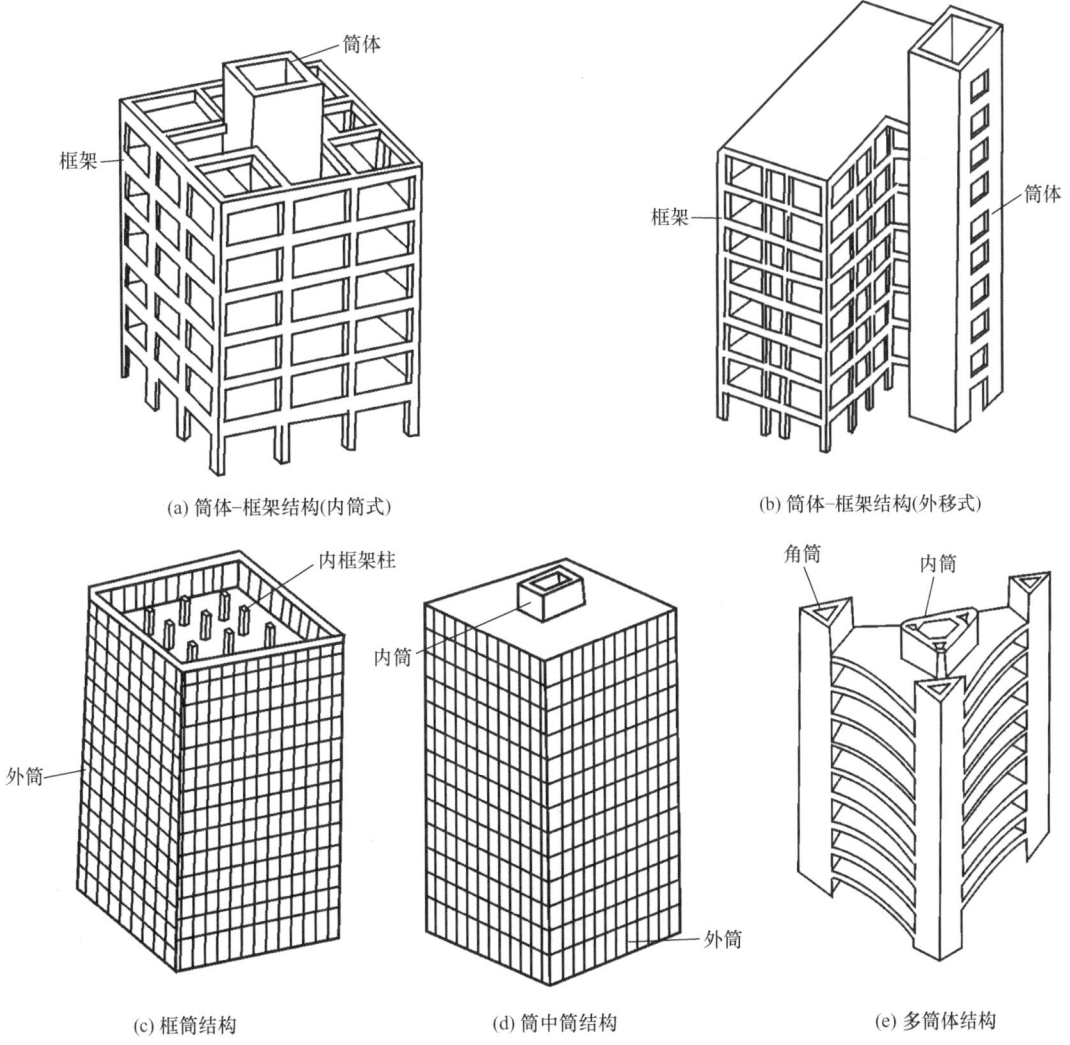

图 1.46　各种筒体结构

（3）筒体结构平面布置要点

① 筒体结构平面形式宜选用方形、圆形，也可用对称的三角形或人字形平面。当采用矩形平面时，长宽比不宜大于 2。

② 外框筒密柱距一般为 1.22～3m。平面四角处的柱子截面做成 L 形或八字形，截面尺寸加大 2～3 倍。

③ 内筒边长尺寸一般以外筒边长的 1/3 为宜。

④ 在框筒顶部设置 1～2 层高的刚性环梁，以提高整体框筒的空间整体性。

（4）筒体结构的适用范围

筒体结构的空间结构有很大的抗侧力刚度和抗扭能力，同时剪力墙的集中布置使建筑平面设计具有很大的灵活性，因此筒体结构主要用于各种高层和超高层公共建筑。例如，美国芝加哥的约翰·汉考克中心、威利斯大厦和怡安中心等结构都是筒体结构。

5. 大跨度结构

大跨度结构在公共建筑中越来越体现出其重要性，像会展中心、机场、火车站等人流密集、功能复杂的大型公共建筑通常都是采用大跨度结构。大跨度结构主要由平面结构体系与空间结构体系两个大类组成。其中平面结构体系包括梁式结构（平面、空间桁架）、平面刚架结构、拱式结构，如图 1.47 所示；空间结构体系包括平面网架结构［图 1.48（a）］、网壳结构［图 1.48（b）］、悬索结构、斜拉结构、张拉整体结构［图 1.48（c）］。

(a) 梁式结构

(b) 平面刚架结构

(c) 拱式结构

图 1.47　平面结构体系大跨度结构

(a) 平面网架结构

(b) 网壳结构

(c) 张拉整体结构

图 1.48　空间结构体系大跨度结构

1.4.3　公共建筑设计中的材料使用

从建筑设计的角度看，不同的建筑材料表达了不同的建筑语言：石材代表凝重，木材代表温馨，玻璃代表简洁幻化，钢材代表坚实牢固。不同建筑材料的表现力，对于塑造不同性格、气质的建筑提供了多样化的选择空间与可能性。图 1.49 为 GLA（浙江绿城六和建筑设计有限公司）设计的威海国医院，建筑本体的设计沿袭了传统北方建筑的基本形制特点，在材料上则采用更为当代的铝镁锰直立锁边屋面、钢木结合构件与耐候性更好的石材来替代灰瓦、灰砖、木作等传统建筑材料。通过当代建筑材料结合传统院落、中式形意、现代工艺的表达，该设计体现出对传统中式院落空间结构和尺度的一种理解和发展，以及对于传统建筑风貌的一种当代转译和重构表达。

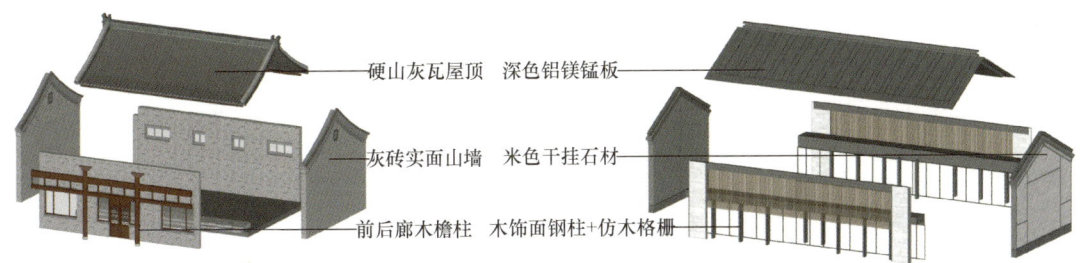

图1.49　威海国医院设计体现出的建筑材料与塑造建筑形象的关系

1. 建筑材料的分类

（1）按主要作用不同分类

按主要作用的不同，建筑材料可分为装饰材料和功能性材料。

① 装饰材料。装饰材料虽然也具有一定的使用功能，但是其主要作用是对建筑进行装修和装饰，如地毯、涂料、墙纸等材料。

② 功能性材料。在建筑装饰工程中使用这类材料，其主要目的是利用它们的某些突出性能实现某种设计功能，如各种防水材料、隔热和保温材料、建筑光学材料、吸声和隔声材料等。

（2）按化学成分不同分类

按化学成分的不同，建筑装饰材料可分为有机高分子装饰材料、无机非金属装饰材料、金属装饰材料和复合装饰材料四大类。

① 有机高分子装饰材料。如以树脂为基料的涂料、木材、竹材、塑料墙纸、塑料地板革、化纤地毯、各种胶黏剂、塑料管材及塑料装饰配件等。

② 无机非金属装饰材料。如各种玻璃、天然饰面石材、石膏装饰制品、陶瓷制品、彩色水泥、装饰混凝土、矿棉及珍珠岩装饰制品等。

③ 金属装饰材料。金属装饰材料又分为黑色金属装饰材料和有色金属装饰材料。黑色金属装饰材料主要有不锈钢、彩色不锈钢等；有色金属装饰材料主要有铝、铝合金、铜、铜合金、金、银、彩色镀锌钢板制品等。

④ 复合装饰材料。这种材料可以是有机材料与无机材料的复合，也可以是金属材料与非金属材料的复合，还可以是同类材料中不同材料的复合。如人造大理石是树脂（有机高分子材料）与石屑（无机非金属材料）的复合；搪瓷是铸铁或钢板（金属材料）与瓷釉（无机非金属材料）的复合；复合木地板是树脂（人造有机高分子材料）与木屑（天然有机高分子材料）的复合。

（3）按装饰部位不同分类

按装饰部位的不同，建筑装饰材料可分为外墙装饰材料、内墙装饰材料、地面装饰材料和顶棚装饰材料四大类。外墙装饰材料如外墙涂料、釉面砖、陶瓷锦砖、天然石材、装饰抹灰、装饰混凝土、玻璃幕墙等；内墙装饰材料如墙纸、内墙涂料、釉面砖、天然石材、人造饰面板、织物等；地面装饰材料如木地板、复合木地板、地毯、地砖、天然石材、塑料地板、水磨石等；顶棚装饰材料如轻钢龙骨、铝合金吊顶、纸面石膏板、矿棉吸声板、超细玻璃棉板、顶棚涂料等。

2. 建筑材料的形状、色彩、质感

（1）建筑材料的形状

形状，是眼睛能把握的物体的最基本特征之一，主要涉及物体的边界线和它的基本空间特征。从视觉上看，一方面，材料是由各种微小的形状组成的，如木纹由几何线性组成，大理石由一颗颗形状不规则的晶体构成，这形成了材料表面质感的一部分内容；另一方面，材料在被加工后会形成一定的形状，这是我们普遍看到的材料在建筑中表现出来的特征。以上两方面相互作用影响人们对材料的认识。在建筑设计中，如何构造和连接也是影响材料形状表现的一大因素：构造的层次、构造的暴露、构造的搭接方式、连接构件的美感，这些因素都会影响材料整体给人的视觉印象，如图 1.50 所示。

（2）建筑材料的色彩

色彩能够对人的生理、心理产生影响，如冷暖、轻重、软硬、强弱，以及联想搭配的种种情感等。色彩的使用与建筑功能往往有着密切的联系。例如，医院常常使用较为温馨、柔和的颜色，幼儿园则适合选用活泼、动感较强的色彩。

在材料的视觉特征中，色彩属于敏感的、最富感情的要素，本身就具备视觉美感。建筑设计中对材料色彩的把握，应该紧密联系材料特征和建筑整体，将材料在建筑中的表现力与自身美学价值的内容相互统一，如图 1.51 所示。

图 1.50　建筑材料的不同形状示意

图 1.51　建筑材料的不同色彩示意

（3）建筑材料的质感

"质感"源自拉丁文"textura",即"纹理"（或"肌理"）。材料的质感是指材料表面或实体经触摸或观看所得到的材料稠密、疏松、精细、粗糙的程度。材料的质感融合了视觉和触觉的综合印象，人们通过质感体验材料的表面特征和物质性（类别、性质）。材料的视觉质感（视觉肌理）与视距有着密切的关系，只有在适合的观赏距离下，材料才能充分展现其质感美。不同材料在建筑中展现出不同质感的对比可以加强视觉效果，而对同一种材料采用不同的加工方式，改变其表面特征，也可以体现出不同的视觉质感，这也是发掘材料美的有效手段，如图 1.52 所示。另外，质感同样能够对人的情感产生影响。

1.4.4　常用的建筑材料

常用的建筑材料见表 1.3。

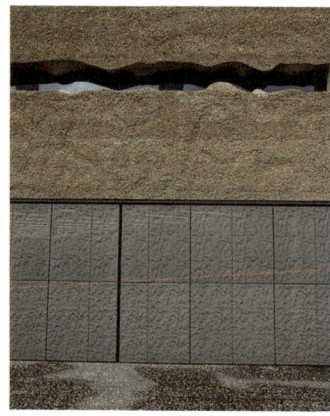

图 1.52　建筑材料的不同质感示意

表 1.3　常用的建筑材料

主要类型	特　性
涂料	价格便宜，施工简便，自洁性一般或差，耐久性差，维护周期短
清水混凝土	视觉效果自然，施工要求高，一般需做保护层来提高耐久性、自洁性
砖与砌块	视觉效果自然，施工要求高，耐久性好，热工性能好，维护周期相对较长
陶瓷面砖	价格便宜，施工简便，自洁性、耐久性好，易脱落
石材幕墙	价格高，视觉效果好，耐久性、自洁性好
防腐木材	价格高，视觉效果亲切、自然
胶合板	价格高，视觉效果自然，比防腐木材单元面积大，自洁性好
金属板材	价格高，视觉效果好，耐久性、自洁性好
玻璃幕墙	价格高，耐久性、自洁性好，热工性能差

1. 涂料

涂料一般是指由胶黏剂、溶剂、添加剂和颜料组成的涂覆于物体表面的液体状物质。它与物体表面相黏结，经过一定的干燥时间后能够形成一层完整的涂膜，以起到保护和装饰物体的作用。涂料在建筑的内外墙、地坪、顶棚、门窗等处均有应用，本部分主要讨论在建筑设计中对建筑形象影响最为重要的外墙涂料设计。

对于公共建筑设计来说，外墙涂料的最大特点在于能够忠实反映体块变化，可以创造出大面积无缝的整体性效果。同时，它几乎可以提供建筑师想要的任何颜色。外墙涂料成本及施工技术要求相对较低，运用得当可以达到低成本、高产出的效果。由于涂料本身不能提供太多的视觉细节，因此在设计中要通过体块组合、虚实对比、色彩对比、阴影效果、分缝的形式及比例推敲等手法进行创造。图 1.53 为三文建筑 / 何崴工作室设计的河南省信阳市神山岭综合服务中心，运用白色涂料，塑造了典雅低调的视觉美感。

图 1.53　河南省信阳市神山岭综合服务中心

2. 清水混凝土

混凝土一般由砂子、水泥、石子等骨料和水构成，经过浇筑、养护、固化后形成坚硬的固体。构成混凝土的原料成分、合成比例的差别会使混凝土具有不同的性质和质感。清水混凝土是未掩饰其自身特点的抹灰、涂饰等外装饰的混凝土。

清水混凝土一般易形成真实、自然、质朴无华的视觉印象。其最初以一种结构材料的形式出现，经过现代建筑大师勒·柯布西耶、路易斯·康、安藤忠雄等的出色应用，清水混凝土逐渐从单纯的结构材料发展成为一种富有外在表现力的建筑材料。清水混凝土在建筑外表皮上应用时，其形状表现出可塑性和整体性，既可以随建筑师自身的表达需要塑造成不同形状，又具有整体无缝的平面视觉效果，如图 1.54～图 1.56 所示。

图 1.54　清水混凝土在建筑外表皮上的应用

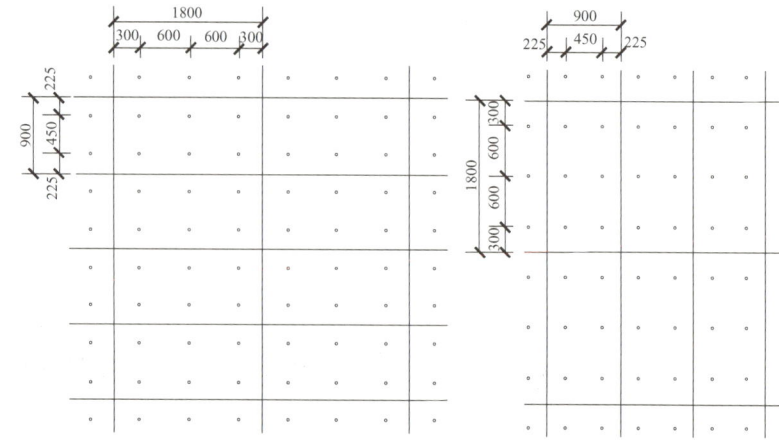

图1.55 不同质感的清水混凝土形式

图1.56 清水混凝土墙缝分隔划分方法示意

3. 砖与砌块

砖作为建筑材料的应用在我国有着悠久的历史，它以朴质凝重的色彩和独特的肌理，彰显着传统建筑特有的表现力。随着人们环境意识的加强，以毁坏田地为代价的实心黏土砖被新型砌块取代，新型砌块也为当代砖的表现力提供了新的源泉。当前利用碎石料、火山渣、煤矸石、粉煤灰、钢渣等所形成的各种新型砌块材料，具有比以往黏土砖更丰富的质感、种类及更高的实用性。如混凝土小型空心砌块砌筑的墙体，自重较黏土砖墙可减轻20%～40%，砌块色泽肌理美观而富于变化；加气混凝土砌块则充分利用了大工业生产所产生的废弃材料，绿色环保。

砖具有微妙的线条和颗粒等自然质感，通常表面粗糙，受光照后明暗转折层次丰富，高光微弱，因而具有质朴的美。通过不同的加工工艺，砖可以表现出抛光、平整、略粗糙、粗糙的质感。另外，砖缝的排列组合，砖的色彩、凹凸，以及由砖砌筑方式的变化所带来的光影变化，一起形成独特的砖墙肌理。

图1.57为清华大学某教学楼，砖与砖缝形成的细腻纹理给人以一种宁静古典的美的印象。另外，将砖挑出或推入墙表面，或用单块、成组的

图1.57 清华大学某教学楼

砌筑方法形成浅浮雕式的砖墙，可以使建筑表现出另一种现代的艺术观感。

4. 陶瓷面砖

出于对传统砖墙效果的审美诉求，同时为适应现代装饰材料所追求的轻、薄要求，酷似砖墙效果但质量与体积更小的面砖应运而生。一般来讲，陶瓷面砖是以黏土为主要原料，经配料、制坯、煅烧、表面处理等加工过程而制成的。陶瓷面砖生产工艺繁多，其表面的处理、命名方式也多种多样，如釉面砖、陶瓷劈离砖、仿石砖、玻化砖、陶瓷锦砖等。不同陶瓷面砖的色彩与排列方式如图 1.58 所示。

图 1.58　不同陶瓷面砖的色彩与排列方式

陶瓷面砖的外墙主要应考虑墙面整体的色调、质感及面砖的规格、比例、排列方式、勾缝宽度等与设计相关的指标。当然，外墙面的细节设计与建筑体量、整体形态、比例、虚实等是分不开的。图 1.59 为智利建筑师 Alejandro Aravena 设计的美国得克萨斯州圣爱德华大学宿舍区，陶瓷面砖形成了粗糙与平整的两种肌理，与内侧的红色玻璃幕墙形成了奇妙的对比，映衬出得克萨斯州独特的地域风貌。

5. 石材

石材是人类历史上应用最早的建筑材料之一，由于大部分石材具有强度高、耐高温、耐久性好、色彩美观、易于清洁等特点，因此它在各个时期、不同地区都被建筑师所青睐。石材最初在建筑中主要作为结构及装饰材料出现，发展至今仅作为建筑内外表皮装饰材料使用。

用于建筑表皮的石材一般可分为天然石材和人造石材两大类。天然石材一般有大理石、花岗岩、砂岩等。人造石材以天然大理石、花岗石碎料或方解石、白云石、石英砂

图 1.59　美国得克萨斯州圣爱德华大学宿舍区

等无机矿物骨料，拌和树脂等聚合物或水泥等黏结剂，以及稳定剂、颜料等，经过真空强力拌和、振动、浇筑、加压成型，再经打磨、抛光及切割等工序制造而成。

石材表面的加工方法常有抛光、哑光、机刨纹理、烧毛、剁斧等，通过不同的加工处理可以形成不同的效果，如图 1.60 所示。

图 1.60 不同的加工处理形成的石材表面效果

石材用于建筑外墙时最为常见的形式为块材或板材。块材的构造方法为石材叠垒法，即将石材像砖一样砌筑，如图 1.61 所示，石材主要通过自身承重，一般适用于石墙较厚且高度有限的建筑，当石墙不作为结构墙体而仅作为饰面墙体时，常以金属搭钩、钢网片等将石材与结构墙体拉结固定，中间灌注水泥砂浆。

图 1.62 为标准营造事务所在西藏自治区尼洋河设计的游客中心，建筑的主体都用当地的石材搭建而成。建筑似一个小型合院，外部保留石材原貌，内部用色彩缤纷的本地矿物颜料对石墙涂色。该建筑采用和发展了西藏堆石技术，在混凝土基地上堆砌了 600mm 厚的承重石墙。

图 1.61　叠垒石材的墙面

图 1.62　标准营造事务所在西藏自治区尼洋河设计的游客中心

板材的构造方法主要为干挂法，即通过金属挂件将石材固定在建筑外墙上，形成石材幕墙。石材幕墙是不承受主体结构荷载的一种建筑围护结构体系，如图 1.63 和图 1.64 所示。

图 1.63　石材幕墙的墙面

在选择石材作为公共建筑装饰材料时要根据不同的建筑类型选择合适的颜色、纹理和质地。另外，在石材贴面施工过程中，不同的构造方式（如嵌缝和空缝）和尺度推敲会得到不同的效果，这与砖墙或者面砖的施工有相似的规律，即通过选择合适的石材面板尺寸和灰缝宽度，将建筑外立面进行整体的网格划分。图 1.65 为 RTKL 事务所设计的上海新江湾智慧广场，针对新江湾地貌，建筑模拟了自然界里树根与石砾之间的交错盘绕，以此作为大众意象的解读起点，进而继续围绕人工与自然、有机与无机的矛盾发展演化，其中淡黄色火烧板与绿色玻璃幕墙的对比应用，对于建筑风格起到了决定性的作用。

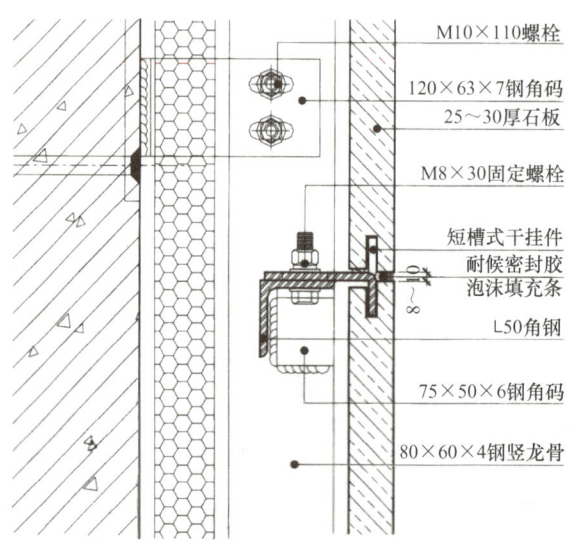

图 1.64　石材幕墙的构造

图 1.65　RTKL 事务所设计的上海新江湾智慧广场

6. 防腐木材与胶合板

木材的优点是亲切自然，观感及触感均较好。然而，天然木材的特点决定了其耐候性及耐久性都较差，且存在易损伤、易燃、难维护、难保养等问题，因此目前应用于建筑外表面的木材通常都经过防腐处理。外墙用木板的常用厚度为 12～20mm，为防止木板因太宽而导致开裂，宽度一般控制在 200mm 以下，长度一般控制在 5m 以下。木格栅、百叶的木材断面则根据设计选用可以定做加工。常用的木板外墙构造方式主要有搭接式、锁扣平接式、格栅式，如图 1.66 所示；固定木板材的金属件有露明式及暗藏式两种。

(a) 搭接式

(b) 锁扣平接式

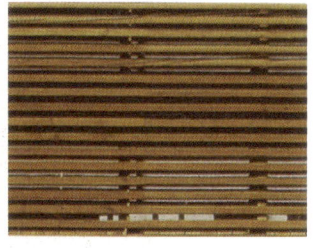
(c) 格栅式

图 1.66　木板外墙主要构造方式

2009 年普利兹克奖获得者——瑞士建筑师 Peter Zumthor 1988 年在瑞士的村庄设计修建了桑贝纳得教堂（Sogn Benedetg Chapel）（图 1.67）。这是一个重建工程，该处基地毁于一次雪崩，Peter Zumthor 在重建中完全选用了木材来进行建造。我们可以看到，建筑的外表面材料的确为木材，但它的构造却与传统木材的形象相去甚远。整个建筑外表面就像鱼鳞一样覆盖着一小块一小块的落叶松板，这些小板层层相叠、相扣，不仅给予建筑外表面视觉效果强烈的丰富肌理，还充当着外墙面的防水构件，打在外墙面上的雨水可以顺着木片之间的连接处迅速地排向地面而不会浸湿内部墙体，达到类似于屋面瓦的效果。

图 1.67　桑贝纳得教堂

除采用经过处理的原木板材作为建筑表面的材料外，国外还采用各种经过防水防腐处理的饰面胶合板及饰面密度板作为外墙面材料。胶合板是由一组木纹理方向相互垂直的木薄片经组坯胶合而成的板材，胶合板与天然木材相比最大的优势在于节省原料资源，同时，经过人工处理后板材的平整度及变形度得到控制，因此板材的规格受自然树木尺寸、变形及开裂的限制较小。图 1.68 为 Scott Edwards 事务所设计的美国国际婴幼儿学习中心，建筑坐落在一片丛林旁边，建筑师选用当地的饰面胶合板与水平向的建筑形态，很好地呼应并协调了建筑与场地的关系。

图 1.68　美国国际婴幼儿学习中心

7. 金属

金属材料本身具有极强的表现力，经过处理的金属材料可以获得更多不同于其他材料的细腻、光洁且均匀的表面质感。金属材料的表达语言很丰富，比如钢材可以通过磨光、酸洗获得光滑的表面，也可以通过滚轧、蚀刻、喷砂形成表面的凹凸或纹理图案；铝合金表面可以通过氟碳喷涂形成多种丰富的色彩；穿孔的金属板材，其表面的空洞也会形成一定的纹理效果，减少了充当围护材料时的封闭感，有其独特的魅力。

图 1.69 为建筑大师 Norman Foster 设计的西班牙福斯蒂诺集团新酒厂，该建筑运用了大量耐候性钢板作为建筑的表面，自然未处理的耐候性钢板的色彩及质感与周围环境及其他建筑材料的强烈对比，使时间的痕迹在建筑中得以彰显，建筑整体在沧桑之中透着精致。

图 1.69　西班牙福斯蒂诺集团新酒厂

图 1.70 为荷兰建筑师 René van Zuuk 设计的阿姆斯特丹建筑中心，建筑的墙面与屋面已经融为一体，建筑表面被镀锌铝板包裹，柔顺流畅的线条构成弯曲的体量，在不同角度的立面上形成各自独特的视觉效果。

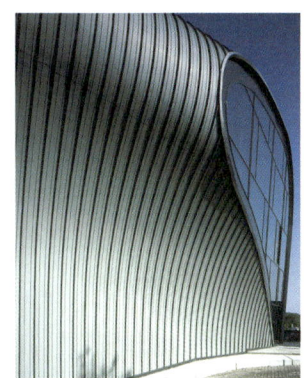

图 1.70　阿姆斯特丹建筑中心

8. 玻璃

玻璃作为建筑外表面材料时，主要以块材、板材及作为整体幕墙的玻璃构件的形式出现。常见的块材是玻璃砖，可以像普通砖一样砌筑，大小、形状相对自由，常选用成品。板材常用作门窗部分，表现为单个或成组的玻璃板镶嵌在门窗框内，形状由门窗的设计确定。而玻璃幕墙是整体连片的玻璃构成建筑的墙体，形状上表现出整体性和连续性。

在普通平板透明玻璃的基础上，发展出了很多玻璃艺术加工技术，如切刮、抛光、弯曲或涂漆等可以为玻璃添加闪闪发光的波段；喷砂可以调和光线，起遮挡的作用，把玻璃原本清亮的特性变得柔情似水；窑烧则增加了表面的纹理和立体感，改变了玻璃的透光特性，加工后的玻璃能够把光线及颜色保留在玻璃内，令本来透明无色的玻璃显示出千变万化的颜色和肌理。采用不同加工技术得到的玻璃形式如图 1.71 所示。用作建筑外表面的玻璃通常表现为透明、半透明、镜面反射三种质感。

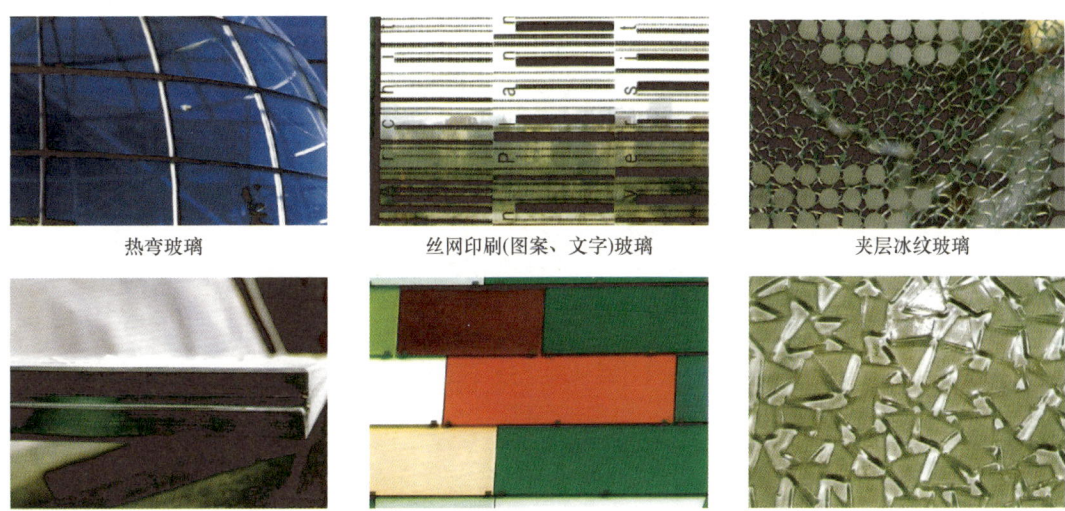

图 1.71　采用不同加工技术得到的玻璃形式

图 1.72 和图 1.73 为 REX 事务所设计的土耳其 Vakko 总部大楼和 Power 媒体中心办公楼。建筑使用了单元式玻璃幕墙、有机玻璃、镜面玻璃等材料，营造出一种优雅、纯净而又不失趣味的现代办公环境。

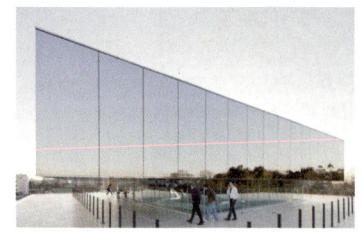

图1.72　土耳其 Vakko 总部大楼　　　　　　　　　图1.73　Power 媒体中心办公楼

特别提示

党的二十大报告中指出，推动绿色发展，促进人与自然和谐共生。尊重自然、顺应自然、保护自然，是全面建设社会主义现代化国家的内在要求。必须牢固树立和践行绿水青山就是金山银山的理念，站在人与自然和谐共生的高度谋划发展。

建筑活动是人类对自然资源和环境影响最大的活动之一。绿色建筑以环境保护和可持续发展为核心理念，关注建筑整个生命周期（从建造、使用到拆除的全过程，包括原材料的获取、建筑材料与构配件的加工制造、现场施工与安装、建筑的运行和维护以及建筑最终的拆除与处置）的可持续性和生态友好性。建筑设计是建筑全生命周期的一个重要环节，它主导了建筑的选材、施工、运营、拆除等环节对资源和环境的影响。

作为建筑师，关注绿色建筑设计是其时代使命。绿色建筑设计并不是简单的绿色技术堆砌，而是在设计阶段就应优先采用被动设计策略，遵循因地制宜原则，充分利用场地原有的自然要素，从适应场地条件和气候特征入手，对场地的风环境、光环境、热环境、声环境等加以组织和利用，通过场地生态规划、建筑形态与平面布局优化等规划设计手段，实现绿色建筑性能的提升，实现人、建筑与自然和谐共生。

|模块小结|

本模块主要内容分为三大部分：功能与空间、场地与场所、结构与材料，以求回答公共建筑设计中"做什么""为什么这么做""如何做"的三大问题。

模块 2

乡村餐饮建筑设计

教学目标

通过本模块的学习，学生应掌握小型公共建筑的设计特点、设计方法及相关规范，了解餐饮建筑中的人体工程学和人的行为心理，以及由此产生的对空间的各项要求；具备进行小型公共建筑设计处理的能力，包括独立进行总平面图布局、功能空间组织、造型处理、剖面设计及简单的外部环境设计的能力，形成功能分区的意识，建立起正确的设计理念；具备自觉运用国家有关法规、规范和条例的能力；具备运用图示语言表达设计意图的能力。

相关规范标准

教学要求

能力目标	知识要点	权 重
能够掌握餐饮建筑设计的相关规范标准	《饮食建筑设计标准》（JGJ 64—2017）、《民用建筑设计统一标准》（GB 50352—2019）	10%
能够运用餐饮建筑的设计方法，进行方案的构思、比较及选择	餐饮建筑的设计要点	60%
具备联系实际、调查研究的能力，有能力运用各种科学方法收集资料，进行调查研究	城乡中优秀餐饮建筑的调研分析	10%
具备精确绘制设计方案不同阶段图纸的表达能力	平面图、立面图、剖面图、建筑模型、效果图、分析图的绘制，造型设计等	20%

2.1 任务提出：乡村餐饮建筑设计

1. 设计任务

浙江省绍兴市长塘镇桃园村为便利村民的生活，拟新建一幢乡村餐饮建筑。要求处理好建筑与村庄环境之间的关系，建筑与周围场地进行一体化设计，总建筑面积控制在1200m² 以下；建筑高度不得大于15m，以两层为宜。学生可以根据自己所构思的餐馆的经营特点，以及基于对村民潜在需求的调研，在设计中适当增加一部分服务功能。

2. 设计内容

乡村餐饮建筑的空间组成及建筑面积分配见表2.1。

表2.1 空间组成及建筑面积分配

功能分区	空间名称	功能要求	家具设备	建筑面积/m²
餐厅部分	餐厅	根据餐馆经营特点可分为雅座和包厢，亦可设酒吧和快餐座		300
	门厅		1. 设部分等候座位； 2. 可设部分食品展示柜	60
	公共卫生间	卫生间的设置要隐蔽，应避开顾客在公共空间的直接视线		30
厨房区域	主食加工			60
	副食加工			75
	主食库	存放供应主食所需米、面和杂粮		20
	副食库	1. 包括干菜、冷荤、调料和半成品； 2. 冷藏库考虑保温		20
	备餐	1. 包括主食备餐和副食备餐； 2. 要求与主、副食加工有方便的联系； 3. 位于厨房与餐厅之间	设餐台、餐具存放处等	15
	餐具洗涤消毒间	要求与备餐有较方便的联系	设洗碗池、消毒柜等	15
辅助区域	办公室	3间		36
	更衣室、休息室	1. 男、女更衣室各1间； 2. 休息室1间		25
	淋浴间、卫生间	1. 男、女卫生间各1间； 2. 淋浴间可分设于男、女卫生间内，亦可集中设1间淋浴间，分时段使用	1. 男、女卫生间内各设便位1个； 2. 淋浴间1间； 3. 男卫生间设小便位1个； 4. 前室设洗手池1个； 5. 拖布池1个	20

3. 设计要求

餐饮建筑设计要求包括以下五点。

① 空间组织、平面布局合理，符合餐饮建筑的功能要求。

② 立面与造型要与村庄环境相协调，体现餐饮建筑的特点。

③ 餐厅和厨房尽量考虑天然采光和自然通风。

④ 结构设计采用框架结构或其他合理形式。

⑤ 优先采用富有地方特色的材料。

4. 地形及技术条件

项目位于浙江省绍兴市长塘镇桃园村，用地范围东至农民房，南至园地，西临农民房，北至桃园村村庄道路。用地面积 1048.4m^2，地上建筑退东侧、南侧、西侧用地红线不少于 3m，退北侧用地红线不少于 5m。项目地形图如图 2.1 所示。

图 2.1 项目地形图

2.2 任务目标：图纸成果要求

① 总平面图比例为 1∶300。总平面图应表达出建筑与原有地段及周边道路的关系。

② 各层平面图比例为 1∶100。首层平面图应表现局部室外环境，画剖切标志；各层平面图均应画室内家具、卫生设备布置。

③ 立面图比例为 1∶100。要求立面图不少于两幅，至少一幅应看到主入口。

④ 剖面图比例为 1∶100。剖面应选在具有代表性之处。

⑤ 透视图或鸟瞰图两幅及以上。

⑥ 有助于表达设计思想的图纸或分析图若干。

⑦ 文字说明和经济技术指标。

2.3 任务实施：设计要点分析

餐饮建筑按经营方式、餐饮制作方式及服务特点可分为餐馆、快餐店、饮品店、食堂四类；餐馆、快餐店、饮品店按建筑规模可分为特大型、大型、中型和小型，见表 2.2。

表 2.2 餐馆、快餐店、饮品店的建筑规模

建筑规模	建筑面积 / m² 或用餐区域座位数 / 座
特大型	面积 >3000 或座位数 >1000
大型	500< 面积 ≤3000 或 250< 座位数 ≤1000
中型	150< 面积 ≤500 或 75< 座位数 ≤250
小型	面积 ≤150 或座位数 ≤75

注：表中建筑面积指与食品制作供应直接或间接相关区域的建筑面积，包括用餐区域、厨房区域和辅助区域。

拿到建筑设计任务书后应如何着手设计？一般常用的设计步骤如图 2.2 所示。

图 2.2 设计步骤

2.3.1 总平面设计

在进行总平面设计时，应根据设计任务书的要求对建筑、室外场地、绿化用地及杂物院等进行总体布置，做到功能分区合理，建筑的位置与形体应利于形成良好的景观，建筑朝向适宜，室外营业场地日照充足，创造适于顾客休闲的空间环境，如图 2.3 所示。

餐饮建筑基地的人流出入口和货流出入口应分开设置，顾客出入口和工作人员出入口宜分开设置。餐饮建筑应防止油烟、气味、噪声及废弃物对邻近建筑或环境造成污染。

图 2.3 森林里的某餐馆总平面图

2.3.2 餐饮建筑的功能组成及交通流线

1. 功能组成

餐饮建筑的功能组成一般包括"前台"及"后台"两大部分，如图 2.4 所示。

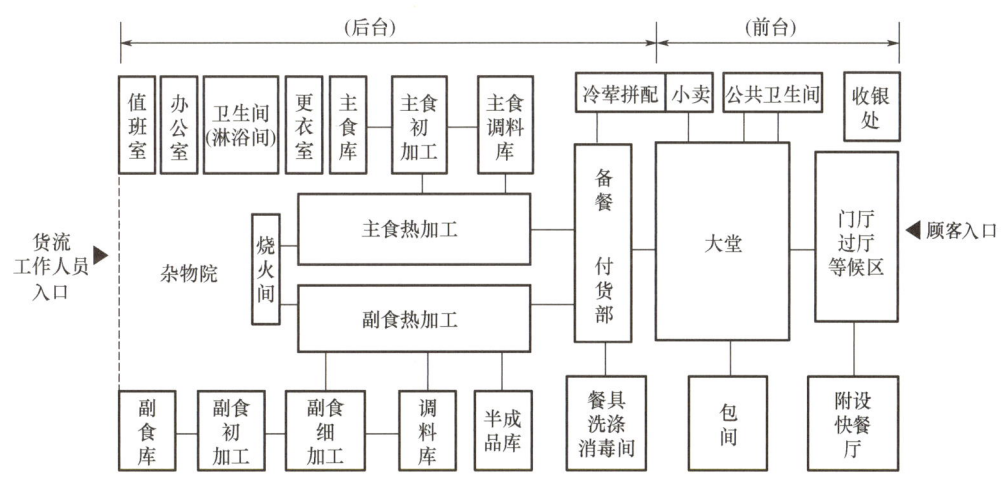

图 2.4 餐饮建筑的功能组成

"前台"包括公共区域和用餐区域，是直接面向顾客、供顾客直接使用的空间。公共区域有门厅、过厅、等候区、公共卫生间、收银处等空间；用餐区域有大堂、包间等空间。

"后台"由厨房区域与辅助区域组成。厨房区域包含主食初加工、主食热加工、副食初加工、副食热加工、主食库、副食库等；辅助区域包含办公室、更衣室、淋浴间、卫生间等。

2. 交通流线

餐饮建筑在交通流线组织上有明显的"外线"（顾客活动线路）和"内线"（工作人员活动线路）之分，以及"人流"（顾客、工作人员活动线路）和"物流"（食品操作流程）的区别，而在"物流"中又有生食与熟食、面食与副食的区别。设计时，不同的流线应该有各自的出入口及交通线路，严禁内外交叉，互相干扰。餐饮建筑功能泡泡图及流线分析如图2.5所示。

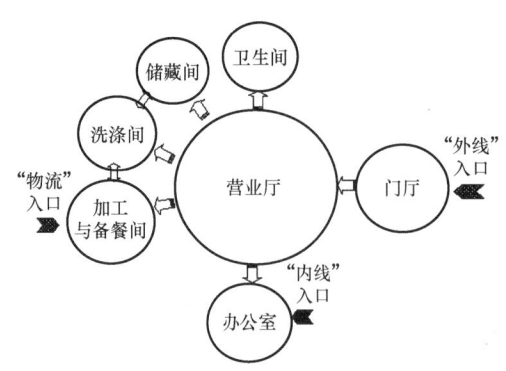

图2.5　餐饮建筑功能泡泡图及流线分析

2.3.3　空间设计要点

1. 入口空间设计

餐饮建筑的入口空间包括入口的门、入口门前的空间和入口内的门厅。入口空间是餐饮建筑中的重要组成部分，有招揽顾客、引导人流的作用，需要有强烈的可认知性和可诱导性。入口空间的具体设计要点如下。

① 入口空间作为交通枢纽，负责引导、组织和分散人流，如图2.6和图2.7所示。如果餐饮建筑为二层及以上时，可在入口处设置楼梯、电梯，将顾客迅速、方便地分散到各个楼层，避免一层人流交叉过多。

② 把入口空间作为视觉重点，达到吸引顾客的目的，如图2.8所示。

③ 把入口空间作为等候、停留空间，如图2.9和图2.10所示。

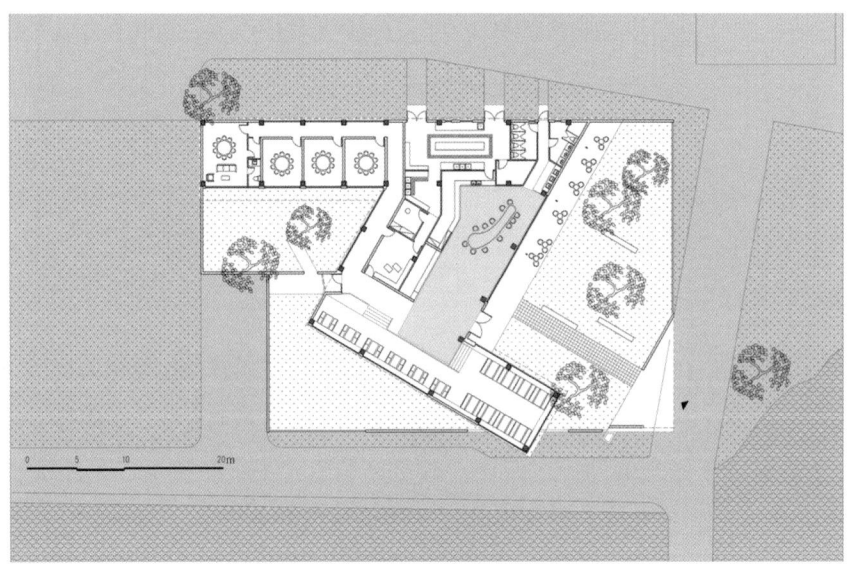

图2.6　浙江省桐乡市石门镇石门猪舍里有机餐厅入口空间

模块 2　乡村餐饮建筑设计

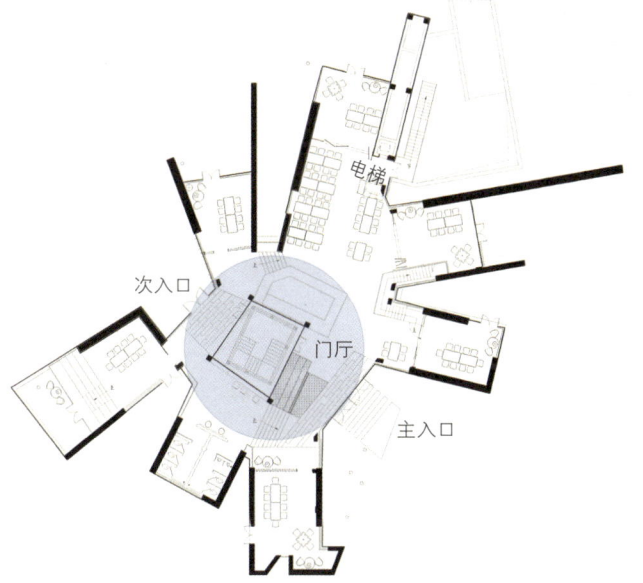

餐厅建筑入口
空间设计

图 2.7　成都麓客岛花房餐厅入口空间

图 2.8　入口空间作为视觉重点

图 2.9　北京沙沙冷萃园等候空间

1—等候空间（灰空间）；2—茶室；3—多功能室；4—卫生间；5—庭院；6—包间；
7—餐厅；8—厨房；9—后勤配套；10—户外用餐

图 2.10　四川省彭州市天府蔬香博览园人民雅集等候空间

2. 用餐区域空间设计

用餐区域是餐饮建筑内供消费者就餐的场所。用餐区域每座最小使用面积宜符合表 2.3 的规定。

表 2.3　用餐区域每座最小使用面积　　　　　　　　　　　　　　　　　单位：m²/座

用餐区域	餐馆	快餐店	饮品店	食堂
使用面积	1.3	1.0	1.5	1.0

注：快餐店每座最小使用面积可以根据实际需要适当减少。

（1）用餐区域空间的限定

用餐区域空间如果均匀分布餐桌，会使人觉得单调乏味。在单一空间内，应该注重空间设计的合理性，用一些实体来进行围合或分隔，将其划分为若干个形态各异、相互流通、相互因借的空间，以增加空间的趣味性。

空间本身是无形态的，由于有了实体的限定，才得以量度其大小，进而构成空间，使其形态化。用餐区域空间的限定一般有两个方向：水平方向和垂直方向，还可以进行多层次限定。

① 用水平方向的实体限定空间。

用水平方向的实体限定空间的方法如图 2.11 所示，可以概括为以下三种："凸"（抬高）、"凹"（下沉）和底面肌理变化。将底面抬高或下沉，是在餐饮建筑中划分空间的应用十分广泛的重要手段，可以将一个大而平淡的餐厅划分为几个大小不同、形态各异、高低错落的空间组合，这些空间既流通又有变化，富有趣味性，同时可以适应不同功能需要。

图 2.11　用水平方向的实体限定空间的方法

用抬高局部底面的手法从周围地面分离出来的空间,具有外向性、展示性,可用来突出重要的空间。图 2.12 为用底面局部下沉手法形成的空间,其相对于周围环境具有内向性,表现宁静而亲切。由于下沉会产生一定的遮蔽性,该空间给人以心理上的庇护感。

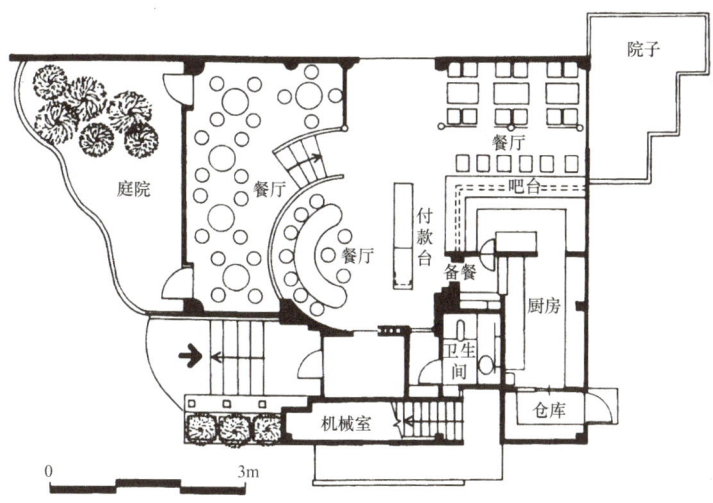

图 2.12　底面局部下沉手法形成的空间

此外,还常用不同材质和色彩的底面肌理划分空间。丰富的底面肌理变化限定了一个个小空间,使小空间的外观也具有丰富的肌理,常常能得到意想不到的效果,如图 2.13 所示。

图 2.13　不同材质和色彩的底面肌理划分空间

② 用垂直方向的实体限定空间。

用垂直方向的实体限定空间的方法有"立"和"围",如图 2.14 所示。"立"是空间限定最简单的形式,一般由垂直线性实体限定。垂直线性实体仅作视觉心理上的限定,不能划分出某一部分具体确定的空间，也不能提供明确的形态和度量，而是靠实体形态的力与势获得对空间的界定感。由垂直线性实体所限定的空间与周围空间的关系是流通的，视觉是连续的，人的行为不受阻隔。

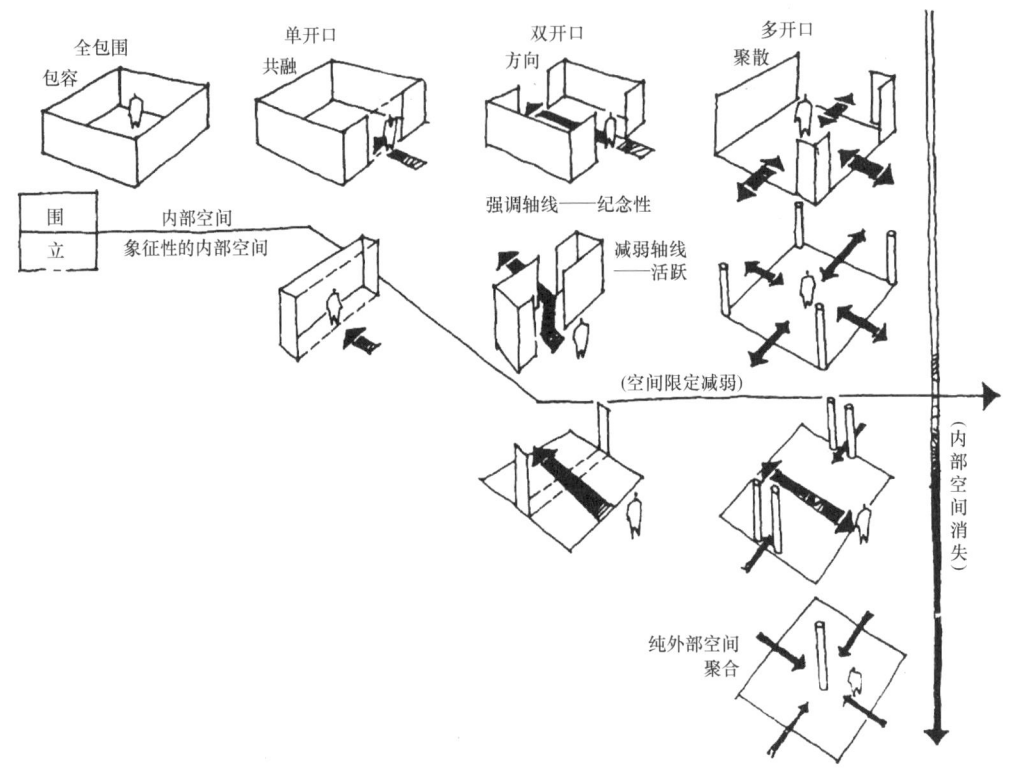

图2.14　用垂直方向的实体限定空间的方法

垂直面实体也是限定空间的一种手段，即"围"。用垂直面实体限定空间时，单个垂直面实体的高度不同对空间产生的围合感不同。垂直面实体60cm高时，周围空间仍保持视觉上的连续性，空间仍是流通的（图2.15）。垂直面实体达到齐腰高时，空间开始产生围护感，但在视觉上仍是流通的（图2.16）。垂直面实体达到视线高度时，空间流通感减弱。垂直面实体高度超过身高时，两个领域在视觉上的连续性被打断，空间已无流通感，从而产生了强烈的围合感（图2.17）。

图2.18和图2.19为两个呈L形布置的垂直面实体围合的空间，这种实体可限定出一个两端开放的空间范围，空间具有方向性，墙面灵动的线条自然地引导着行进路线，同时也划分出一个个就餐区域，空间关系不断变化，流畅而贯通，充满动感。图2.20为三个呈U形布置的垂直面实体围合的空间，其三个边缘被明确界定，后部是封闭的，围合感强，随着三个垂直面高矮的变化，产生的围合感不同。图2.21为四个垂直面实体围合的空间，这是限定度最强的一种形式，空间被垂直面实体四面围合，私密感强。

图 2.15　垂直面实体 60cm 高时的空间

图 2.16　垂直面实体达到齐腰高时的空间

图 2.17　垂直面实体高度超过身高时的空间

图 2.18　两端开放的空间

图 2.19　墙面灵动的线条

图 2.20　三个垂直面实体围合的空间

图 2.21　四个垂直面实体围合的空间

　　用餐区域常用垂直实体的多种围合手法营造丰富的空间层次感，使整个空间变得扑朔迷离，给人以无限的遐想，如图 2.22 和图 2.23 所示。

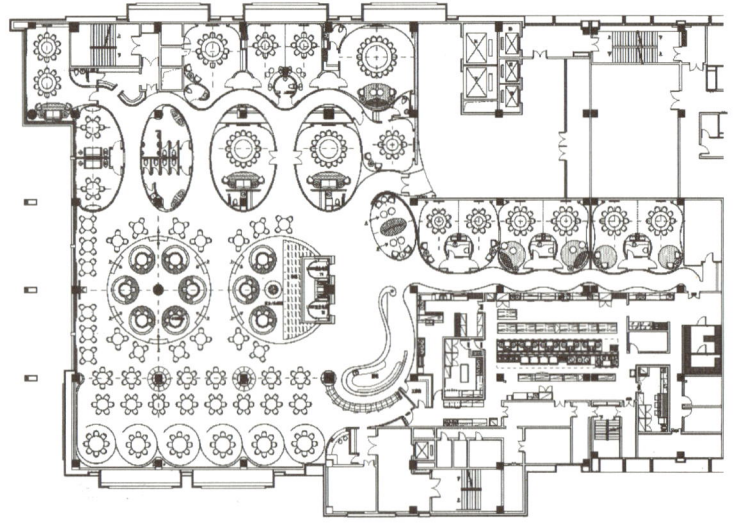

图 2.22　用垂直实体的多种围合手法塑造空间

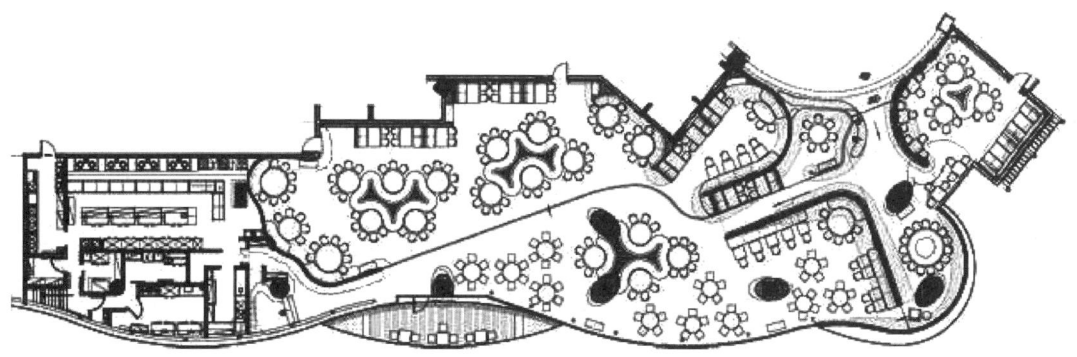

图 2.23　杭州外婆家（万象城店）餐厅内丰富多变的空间

③ 多层次限定的空间。

随着时代的发展和大众审美的提高，人们开始厌倦空间形态的单一表现，转而喜欢空间形态的多样组合，希望获得更为多彩的空间。因此，餐饮建筑可以采用多层次限定的空间，设计或划分出多种形态的用餐区域空间，并加以巧妙组合，使其大中有小、小中见大、层次丰富、相互交融，让人置身其中感到有趣和舒适。

多层次限定的空间，每一个空间都从上一个层次的空间中被限定出来，经过多次反复而形成一组空间，这种形态操作形成空间之间的层次关系，打造空间中的空间，是实际设计中常常使用的一种用餐区域空间限定手法，如图 2.24 所示。

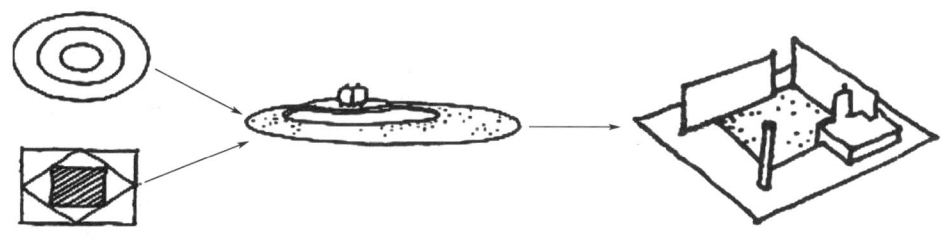

图 2.24　围、肌理变化、凸和立等多层次限定的空间

（2）用餐区域空间的组合

① 集中式空间组合。

由一定数量的次要空间围绕一个大的、占主导地位的中心空间构成的稳定的、向心式的用餐区域空间组合，称为集中式空间组合，如图 2.25 所示。

② 簇团式空间组合。

图 2.25　集中式空间组合

将若干空间紧密连接使其互相联系，或以某空间轴线使几个空间紧密联系的空间组合方式，称为簇团式空间组合，如图 2.26 所示。簇团式空间组合通常由重复出现的格式空间组成，

这些格式空间具有类似的功能，并在形状和朝向方面有共同的视觉特征。

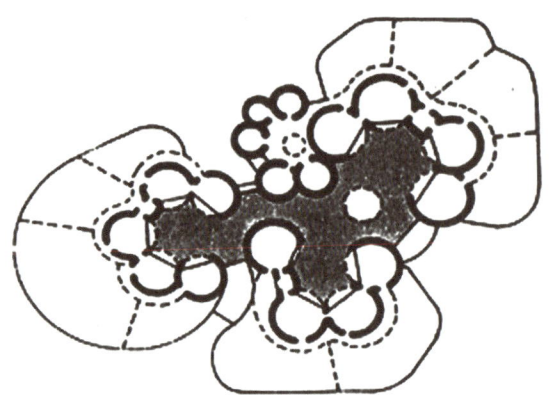
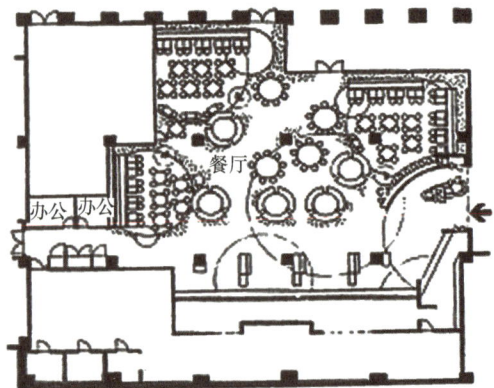

图 2.26　簇团式空间组合

③ 串联式空间组合。

串联式空间组合是将若干空间按一定方向相连接，构成空间序列。这种空间组合具有明显的方向性，以及运动、延伸、增长的趋势，构成时具有可变的灵活性，容易适应环境条件，有利于空间的发展，如图 2.27 所示。串联式空间组合可终止于一个主导的空间或形式，或者终止于一个特别设计的入口，也可与其他的建筑形式或者场地、地形融为一体，如图 2.28 所示。

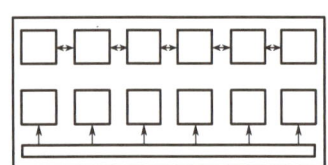

图 2.27　串联式空间组合　　　　　　图 2.28　串联式用餐区域空间

（3）餐饮桌椅尺寸

用餐区域的桌椅布置应符合人体工程学原理，图 2.29 为常见的餐饮桌椅尺寸及其组合尺寸。

（4）用餐区域空间设计与人的心理行为

人们在用餐时，常常喜欢观察空间和他人，有交往的心理需求，同时又需要有私人领域，与他人保持一定距离。在进行用餐区域空间设计时，应以垂直实体尽量围合出多种有边界的餐饮空间，使每个餐桌至少有一侧能依托于某个垂直实体，如窗、墙、隔断、靠背、花池、绿化、水体、栏杆、灯柱等，尽量减少四面临空的餐桌，使得餐桌的布置既利于人的交往，又可以与他人保持适当的距离。

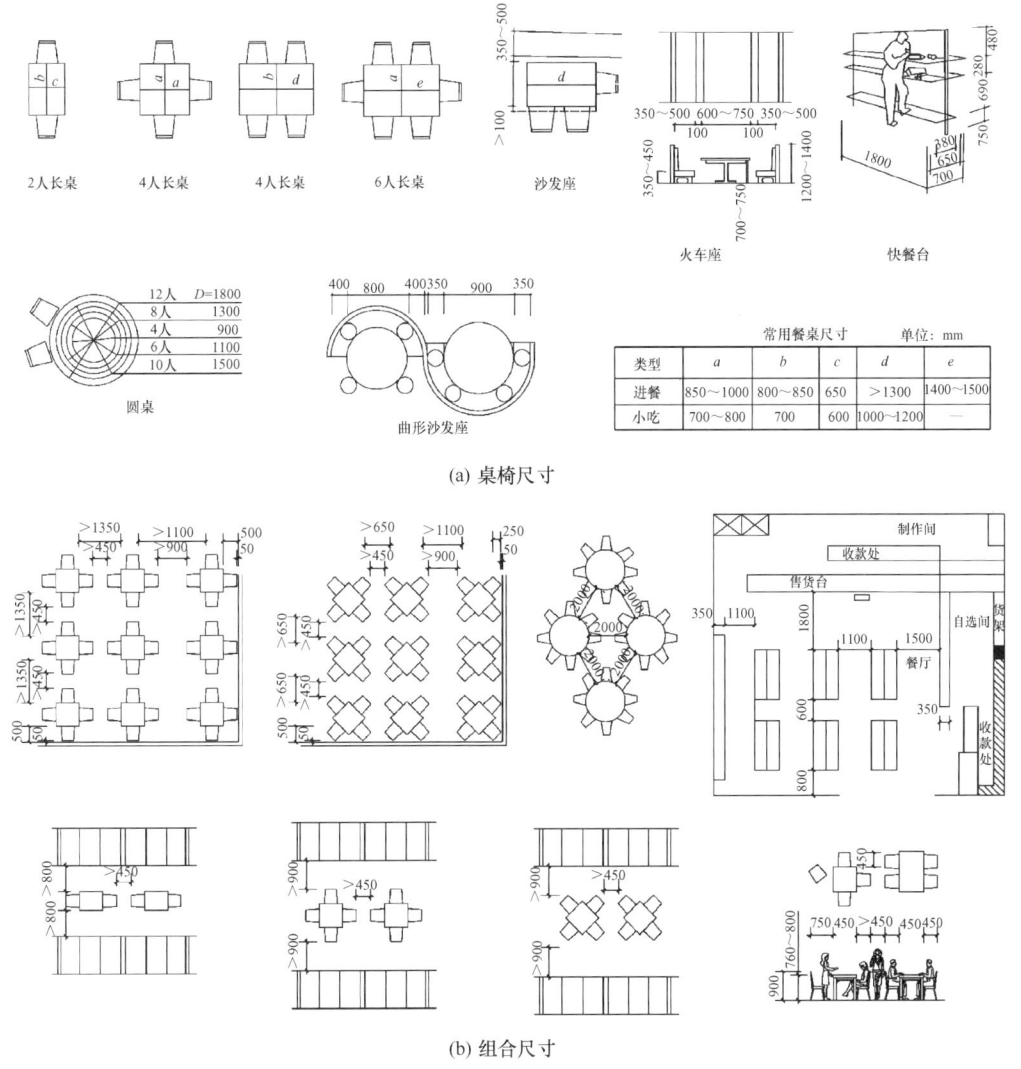

图 2.29 常见的餐饮桌椅尺寸及其组合尺寸

（5）用餐区域其他设计要点

① 位于二层及二层以上的餐馆、饮品店和位于三层及三层以上的快餐店宜设置乘客电梯，位于二层及二层以上的大型和特大型食堂宜设置自动扶梯。

② 餐饮建筑的卫生间、盥洗室、浴室等有水房间不应布置在厨房区域的直接上层，并应避免布置在用餐区域的直接上层。

③ 餐饮建筑应进行无障碍设计，并应符合现行国家标准《建筑与市政工程无障碍通用规范》（GB 55019—2021）的规定。

④ 用餐区域的室内净高不宜低于 2.6m，设集中空调时，室内净高不应低于 2.4m；设置夹层的用餐区域，室内净高最低处不应低于 2.4m。

⑤ 公共卫生间宜设置前室，卫生间的门不宜直接开向用餐区域，卫生间宜利用天然采光和自然通风，未单独设置卫生间的用餐区域应设置洗手设施，并宜设儿童用洗手设施。卫生设施数量的确定应符合现行国家标准《公共厕所卫生规范》（GB/T 17217—2021）对餐饮类功能区域公共卫生间设施数量的规定及《建筑与市政工程无障碍通用规范》的相关规定。

3. 厨房区域空间设计

（1）厨房区域组成及工作流程

厨房区域组成及工作流程如图 2.30 所示。

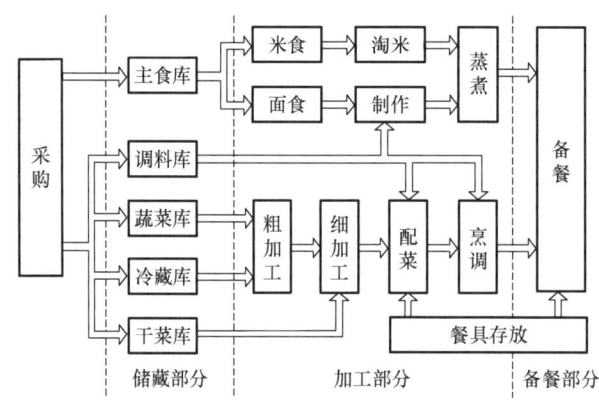

图 2.30　厨房区域组成及工作流程

（2）平面设计要点

① 合理布置生产流线，要求主、副食两个加工流线明确分开，初加工→热加工→备餐的流线要简短通畅，避免迂回倒流，这是厨房平面布局的主流线，其余部分都从属于这一流线而布置。

② 原材料供应路线接近主、副食初加工间，远离成品，并应有方便的进货口。

③ 洁污分流。对原料与成品、生食与熟食要分隔加工和存放。垂直运输生食和熟食的食梯应分别设置，不得合用。加工中产生的废弃物要便于清理运走。

④ 工作人员应先更衣再进入加工间，更衣室、卫生间应设在工作人员入口附近。

（3）厨房区域布局形式

① 封闭式：用餐区域与厨房区域完全分隔开。

② 半封闭式：露出厨房区域的一部分，使客人能看到特色的烹调和加工技艺，活跃餐厅气氛。

③ 开放式：把烹制过程完全显露在顾客面前，现制现吃，气氛亲切。

（4）热加工间的通风与排气

厨房区域在热加工过程中产生大量油烟、二氧化碳及水蒸气，室内空气混浊。在方案设计阶段，就要从平、剖面设计上解决好通风与排气问题，主要有以下措施：热加工间应争取双面开侧窗，以形成穿堂风；设天窗排气。

2.3.4 造型设计

（1）建筑造型的内容

建筑造型是建筑设计的一个重要环节，它决定了建筑的外观、形状和整体风格，旨在通过视觉艺术手法赋予建筑独特个性和美学价值。建筑造型的主要内容包括以下方面。

① 建筑形象：涉及内外部空间的组合、建筑的体型、立面构图与轮廓、细部与重点装饰处理等。

② 材料与质感：包括材料的色彩、光影变化等，建筑所选用的材料及其质感对造型有重要影响。

③ 时代性、地域性、民族性：建筑造型还需体现时代特征，并与所在地域的文化背景、民族特色相融合。

（2）建筑造型的步骤

建筑造型是一个综合性的设计过程，以下是关键步骤概述。

① 理解场地和环境。在开始建筑造型之前，需要深入理解建筑所在的场地和环境，包括地形地貌、周围建筑肌理等，思考建筑如何与周围环境相协调，如何充分利用自然资源和景观优势（图 2.31）。

② 确定比例与组织关系。确保各个建筑体块之间的大小比例协调，这是建筑造型的基础。明确各个体块之间的组织关系，如采用穿插、咬合、搭接等手法，以增强建筑的层次感和立体感（图 2.32）。

③ 选择屋顶与立面设计。确定合适的屋顶形式，使其与整体建筑造型相协调。立面设计是建筑造型的关键，需要注重虚实的搭配，合理的划分和组合使建筑富有层次感（图 2.33）。

④ 借鉴与创新。借鉴自然元素，如树木枝干的形状、山脉的线条或海浪的流动感，创造建筑的生机和动感。或融入艺术与文化元素，反映当地文化、历史和民俗，为建筑赋予独特的视觉语言。也可以利用创新的材料和技术，如弯曲的玻璃幕墙、3D 打印技术等，实现更复杂和创新的建筑造型。

⑤ 细节处理。注重窗户等细节的设计，结合立面的划分合理设计窗户的形式，使建筑看起来更加精致。考虑建筑的质感、色彩等视觉要素，以及方向、位置、空间、重心等关系要素，以完善整体造型（图 2.34）。

⑥ 评估与调整。在设计过程中不断进行评估与调整，确保建筑造型既符合美学要求，又满足功能性和可持续性的需求。征求客户和相关利益方的意见，对建筑造型进行必要的修改和优化。

图 2.31 造型与周围环境相协调

图 2.32 纵横向线条交错处理的建筑造型

图 2.33 立面造型的粗细线条处理

图 2.34 木质材料塑造的建筑

综上所述，建筑造型的内容与步骤是复杂而细致的，需要设计师在多个方面进行权衡和考虑。通过深入理解环境，运用创新技术和材料，借鉴自然与文化元素，以及注重细节处理等，设计师可以创造出独特而令人印象深刻的建筑造型。

特别提示

中国不同地域的传统建筑风格各异,形成了丰富的建筑语言,是中华文明的智慧结晶。建筑造型时,不仅要基于建筑所处的地域文化、历史背景和自然环境融入传统文化元素,还要坚持守正创新,探索新的设计理念和技术,以适应新时代的发展需求,确保建筑既具有民族特色,又具有时代性。

2.4 拓展学习

1. 越南河内市郊的湖边竹屋餐厅
2. 泰国曼谷"树荫"下的玻璃餐厅
3. 成都宽三堂餐厅

越南河内市郊的湖边竹屋餐厅

泰国曼谷"树荫"下的玻璃餐厅

成都宽三堂餐厅

|模块小结|

本模块主要对餐饮建筑的设计要点和相应的规范标准进行详细的阐述,设计要点主要从总平面设计、功能组成及交通流线、空间设计要点、造型设计四个方面展开讲解,最后通过三个国内外的实际设计案例来拓宽学生的视野,力求使学生理解餐饮建筑的功能特点及流线设置要求,能够合理设计餐饮建筑的平、立面布局,塑造独特的建筑造型。

模块 3

幼儿园建筑设计

教学目标

通过本模块的学习,学生应掌握幼儿园建筑的设计特点、设计方法及相关规范,能够熟练解决建筑设计中的"组合"问题,"组合"问题主要包括多个功能单元体的组合及建筑形体的群体组合两个方面。同时通过分析教与学的空间需求,学会倾听不同使用者的声音,能够在设计中创造丰富、亲切的教学和生活场所,从而理解建筑设计中以人为本的设计思维,具备独立进行教育建筑功能分析、空间组合及方案构思的能力。

相关规范标准

教学要求

能力目标	知识要点	权重
能够掌握幼儿园建筑的相关规范标准	《托儿所、幼儿园建筑设计规范(2019年版)》(JGJ 39—2016)、《幼儿园标准设计样图》(GJBT—1511)	10%
能够运用幼儿园建筑的设计方法,进行方案的构思、比较及选择	幼儿园建筑的设计要点	60%
具备联系实际、调查研究的能力,有能力运用各种科学方法收集资料,进行调查研究	城乡中优秀幼儿园建筑的调研分析	10%
具备精确绘制幼儿园建筑设计方案不同阶段图纸的表达能力	平面图、立面图、剖面图、建筑模型、效果图、分析图的绘制,造型设计等	20%

3.1 任务提出：乡镇幼儿园建筑设计

1. 设计任务

随着国家对乡村教育的重视，乡村幼儿园的建设成为改善农村教育条件、促进教育公平的重要举措。某乡镇拟新建（或扩建）一个 6 个班的全日制幼儿园，建筑面积约 2400m²。计划招收 3~6 岁学前儿童，每班 30 名学生，共 180 人。该项目旨在为乡镇地区设计一所功能完善、环境友好、符合儿童身心发展需求的幼儿园，为乡镇儿童提供优质的学前教育环境。

2. 设计内容

幼儿园空间组成及建筑面积见表 3.1。

表 3.1 幼儿园空间组成及建筑面积

序号	功能分区	空间名称	建筑面积/m²	备注
1	每班生活单元 （175m²×6=1050m²）	活动室	80×6=480	活动室、寝室可单独设置，也可合并设置
		寝室	65×6=390	
		衣帽储藏间	10×6=60	
		卫生间	20×6=120	
2	多功能活动室	大型活动	200	
3	服务管理用房	办公室	20×6=120	
		保健室、隔离室	20	
		晨检室	10	
		园长室	20	
		教具制作室	20	
		会议室	30	
		储藏室	20	
		教工卫生间	30	
		警卫室	10	可设置在基地主入口处
4	供应用房	厨房	150	
		配电室	10	
		消毒室	20	
		开水间	10	
5	室外空间	1. 幼儿园共用游戏场地人均面积不应小于 2m²，分班游戏场地人均面积不应小于 2m²； 2. 室外游戏场地应保证 1/2 以上的游戏场地冬至日日照时间不少于 2h		
	总计		1720	±10%

注：门厅、走廊等交通面积由个人自定，且不计入上表建筑面积中。

3. 设计要求

建筑层数为 2～3 层，建筑高度不得大于 15m。符合国家相关建筑规范，设计应符合儿童心理特点，营造充满童趣的环境。注重节能设计，充分利用自然光和自然通风，减少能源消耗。结合地域文化和自然环境，融入乡土元素，体现地域特色。

4. 地形及技术条件

建设基地条件如图 3.1 所示。项目位于南方某乡镇，地块西侧建筑为乡镇原有的 3 个班的幼儿园（一层建筑），西侧广场为幼儿园活动用地（原有建筑及新建建筑共用）。本项目仅涉及新建用地红线范围内的 6 个班的幼儿园，但需考虑新建建筑与原有建筑、广场的风格协调。

地形图 CAD

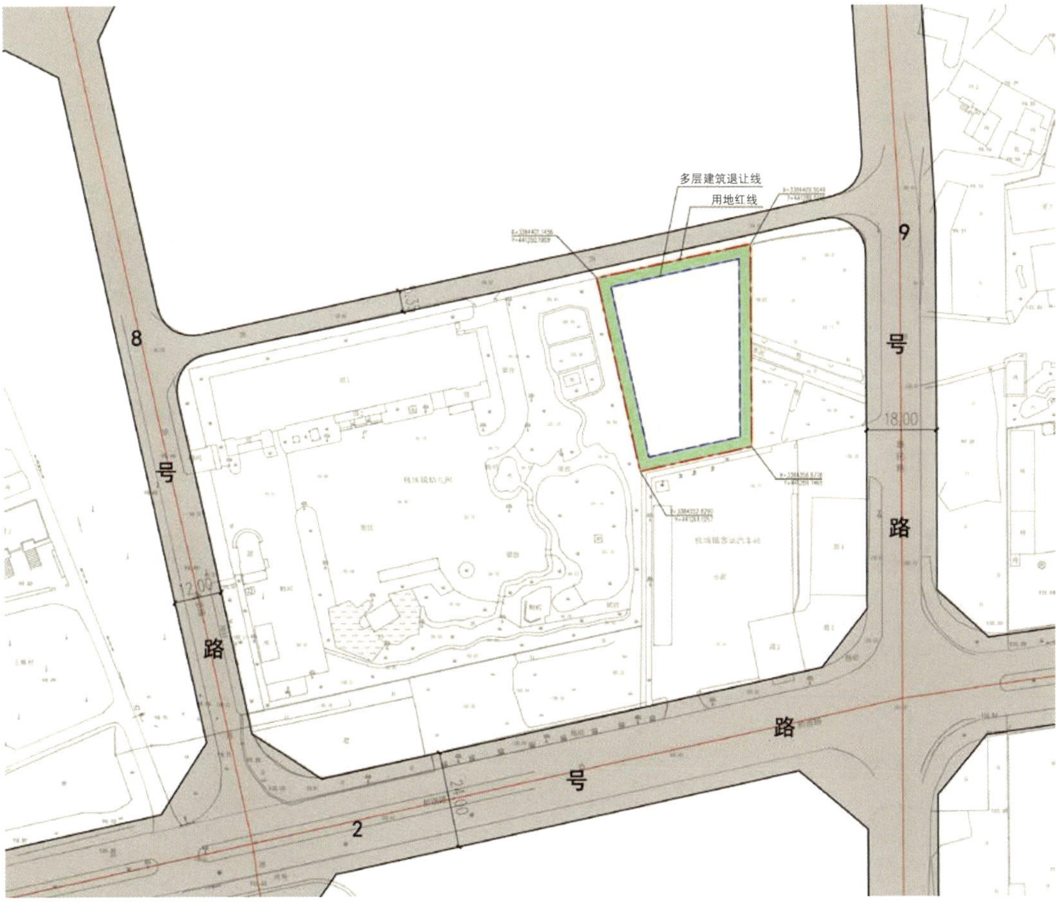

图 3.1 地形图

3.2 任务目标：图纸成果要求

① 总平面图：比例为 1：500。要求画出准确的屋顶平面并注明层数及功能，注明各建筑出入口的性质和位置；画出详细的室外环境布置（道路、广场、绿化、小品等），正确表现建筑环境与道路的交接关系；画指北针；体现主要技术经济指标（总建筑面积、总用地面积、容积率、绿化率、建筑高度等）。

② 各层平面图：比例为 1：200。要求注明房间名称（禁用编号表示）；首层平面图应表现局部室外环境，画剖切标志、指北针；各层平面图均应标明室内标高，同层中有高差变化时亦须注明。各层平面图均应画出室内家具、卫生设备布置情况。

③ 立面图：比例为 1：200。要求不少于两幅，至少一幅应看到主入口。

④ 剖面图：比例为 1：200。要求不少于一幅，应选在具有代表性之处。

⑤ 透视图：要求两幅或两幅以上，应看到主入口，并能较好地反映建筑特征。

⑥ 设计说明：要求以简练的文字说明设计构思。

⑦ 除上述要求之外，还可以附加表达自己设计思想的其他图纸。

3.3 任务实施：设计要点分析

幼儿园是对 3～6 周岁的幼儿进行集中保育、教育的学前使用场所。幼儿园分为全日制幼儿园和寄宿制幼儿园，本次项目训练主要针对全日制幼儿园。根据规模，幼儿园又可分为大、中、小型幼儿园，见表 3.2。

表 3.2 幼儿园的规模

规　　模	班数/班
小型	1～4
中型	5～8
大型	9～12

3.3.1 总平面设计

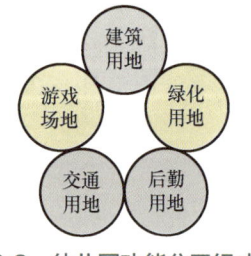

图 3.2 幼儿园功能分区组成

幼儿园用地由建筑用地、游戏场地、后勤用地、绿化用地、交通用地等功能分区组成，如图 3.2 所示。其中建筑用地由幼儿生活用房、服务管理用房、供应用房三部分组成，游戏场地分为每班专用室外游戏场地和全园共用游戏场地。

幼儿园总平面图示例如图 3.3 所示。幼儿园总平面设计一般需要从出入口设计、建筑布置、游戏场地及绿化用地布置、杂物院布置等几个方面着手分析，并应遵循以下设计要求。

图3.3 幼儿园总平面图示例

1. 出入口设计要求

① 出入口一般应设置两个，即主要出入口和次要出入口。

② 主要出入口入园路线应避免幼儿穿越班级游戏场地到达班级活动室，入园路线上不宜设置游戏场地，以免造成泥泞，破坏场地。

③ 主要出入口不应直接设置在城市干道一侧，应设置供车辆和人员停留的场地，且不应影响城市道路交通。

④ 次要出入口应与主要出入口分开设置，和厨房、杂物院邻接，并与街道有方便的联系，如图 3.4 所示。

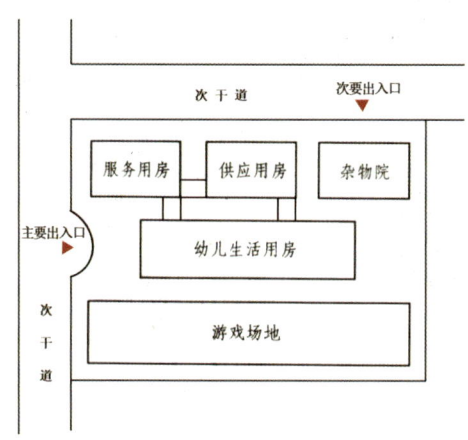

图 3.4　次要出入口与主要出入口设置

2. 建筑布置要求

① 幼儿活动用房应布置在基地最好地段及当地最好的日照方位上，活动室、寝室及具有相同功能的区域冬至日底层满窗日照时间不应小于 3h。

② 幼儿园建筑的层数宜采用二层或局部三层。

3. 游戏场地及绿化用地布置要求

① 每班应设专用室外游戏场地，人均面积不应小于 $2m^2$，各班游戏场地之间宜采取分隔措施；全园共用游戏场地，人均面积不应小于 $2m^2$。室外游戏场地地面宜为软质地坪，应保证 1/2 以上的游戏场地冬至日日照时间不少于 2h。

② 园区适宜的位置应设置旗杆、旗台、30m 跑道。

③ 幼儿园绿化用地设计一般应遵循尺度小巧、形象生动、色彩鲜明的原则。

4. 杂物院布置要求

① 杂物院一般设置在用地比较隐蔽的位置，与幼儿园的幼儿活动流线应完全分开，并形成封闭的院落。

② 考虑到杂物院可能有异味，可尽量设置在当地夏季主导风向的下风向。

3.3.2 建筑功能分区及交通流线

幼儿园建筑由幼儿生活用房、服务管理用房和供应用房三大功能区域组成。

幼儿生活用房主要包括幼儿生活单元、多功能活动室和公共活动空间（供幼儿进行专项活动的场所）。服务管理用房包括晨检室（厅）、保健室、隔离室、教师值班室、储藏室、园长室、财务室、教师办公室、会议室、教具制作室等房间。供应用房包括厨房、消毒室、洗衣间、开水间、杂物院等。

建筑设计时，三大功能区域应有明确的功能划分，方便使用与管理，避免相互交叉干扰，如图 3.5 所示。特别是供应用房应自成一区，与幼儿生活用房保持一定距离。各功能分区之间应有便捷的交通联系，方便幼儿和教职工通行，使建筑形成一个有机的整体，如图 3.6 所示。

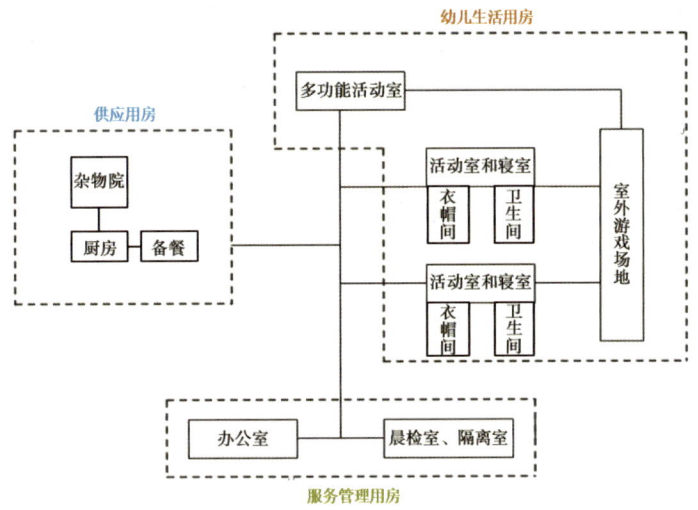

图 3.5　幼儿园建筑的功能分区

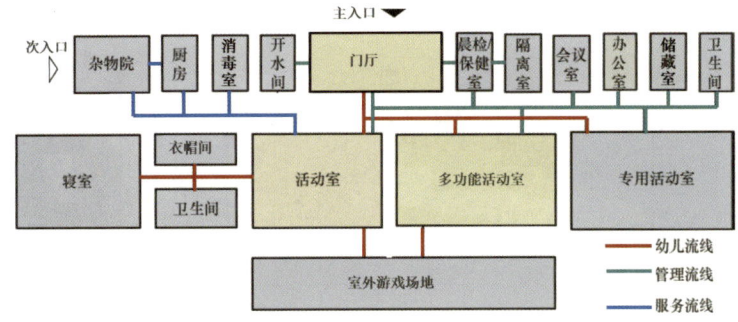

图 3.6　幼儿园建筑流线图

3.3.3 各功能分区设计要求

1. 幼儿生活用房平面设计要求

幼儿生活用房中的幼儿生活单元包括活动室、寝室、卫生间、衣帽间、储藏间等基本空间，是幼儿园建筑最重要的空间之一，各班幼儿生活单元应保持使用的相对独立性。全日制幼儿园中，幼儿的一日生活内容包括到校、晨检、早操、盥洗、室内游戏、用餐、午睡和户外活动等，大部分在幼儿生活单元中完成。为了合理、科学地对幼儿进行保育、教养，达到方便管理及预防疾病的要求，一般将幼儿日常使用的主要房间组合在一起，形成每个班自成一体的格局。其特点是每班独立使用一套用房及家具、设备，强调各班自成体系，互不干扰，有利于严格按卫生防疫要求进行隔离，避免幼儿之间的交叉感染。

幼儿生活单元的平面组合方式多种多样，常见的如图 3.7 和图 3.8 所示。

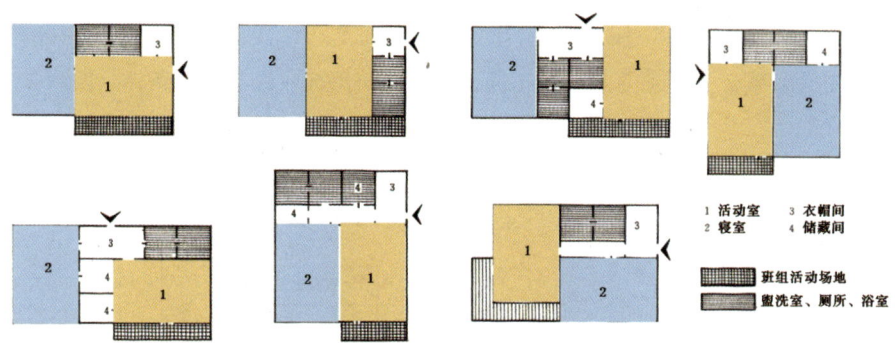

图 3.7　幼儿生活单元的平面组合方式

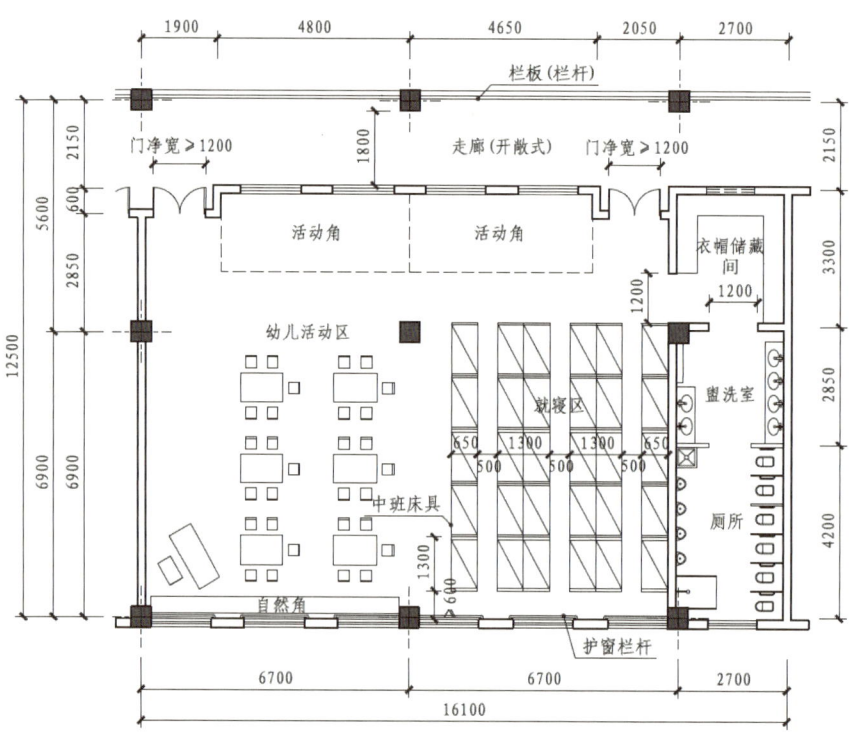

图 3.8　典型幼儿生活单元平面图

活动室是幼儿进行室内学习（作业）、游戏、就餐等活动的基本场所，是一个小型的多功能房间，不主设专用卧室的全日制幼儿园，幼儿午睡空间可以单独设置寝室，也可以与活动室合并设置。活动室应有足够的使用面积、合理的体型和尺寸，以适应幼儿进行多种活动的要求，如图 3.9 所示。活动室、寝室应有一个比较安静的环境，尽量避免噪声干扰。

图 3.9　活动室示例

单侧采光的活动室进深不宜大于 6.6m。活动室的窗台面距楼地面高度不宜大于 0.6m；当窗台面距楼地面高度小于 0.9m 时应采取防护措施，防护高度应由楼地面起计算，不应小于 0.9m。寝室床位侧面或端部距外墙距离不应小于 0.6m。活动室、寝室室内净高不应小于 3.0m。

 特别提示

室内净高是指楼地面至结构梁底间的垂直距离。当室内顶棚或风道（管道）低于梁高时，室内净高计算至顶棚或风道（管道）底，如图 3.10 所示。

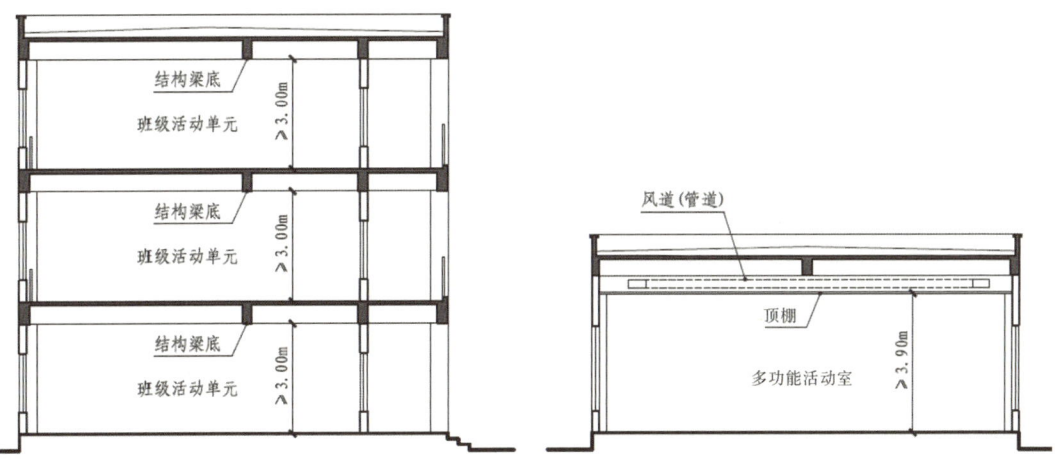

图 3.10　室内净高计算方法

卫生间由厕所、盥洗室组成。由于幼儿的特殊需求，盥洗室需要独立设置，使幼儿有独立的洗手空间，或与厕所之间设置分隔措施，但二者之间应有良好的视线贯通。卫生间宜有直接的自然通风，无外窗的应设置防止回流的机械排气设施。卫生间应紧邻活动室和寝室，一般男女幼儿卫生间合用设计。可根据当地气候条件决定卫生间内是否设置淋浴设施，夏季炎热地区宜设置淋浴设施。每班卫生间卫生设备的最少数量为：大便器6个，小便器4个，盥洗水龙头6个，污水池1个。幼儿卫生间常见布局如图3.11所示。

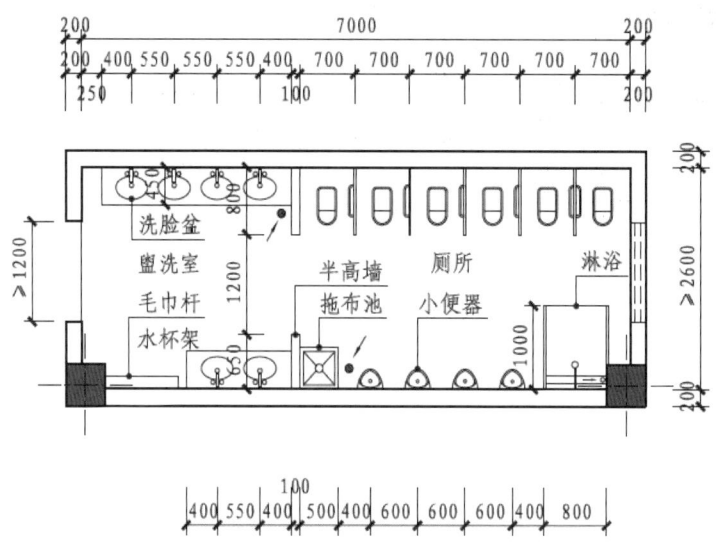

图 3.11　幼儿卫生间常见布局

除各班级活动单元外，幼儿园还需要设置一个多功能活动室，供班级集会、家长集会、跳舞、唱歌及放映电影、录像、幻灯片等活动使用，天气不好时还可以作为临时游戏室，如图3.12所示。多功能活动室应临近幼儿生活用房，无论是设在适中位置还是幼儿生活用房的尽端，都不得与服务管理用房、供应用房混用。当多功能活动室独立设置时，与主体建筑的距离不宜过远，并需用连廊连通，严寒和寒冷地区应做成封闭连廊。多功能活动室净高不应小于3.9m。同时，考虑到提高幼儿学习和生活质量及特色办学的需求，幼儿园可设置1～2个专用活动室，可以是图书室（图3.13）、舞蹈室、琴房、角色活动室、计算机房、美工室、科学探索室等。

活动室、寝室、多功能活动室等幼儿生活用房应设双扇平开门，不应设旋转门、弹簧门、推拉门，门净宽不应小于1.2m，且均应向人员疏散方向开启（图3.8）。幼儿生活单元内各用房之间宜设门洞，不宜安装门扇。

幼儿生活用房应有良好日照，冬至日底层满窗日照时间不应小于3h。室内应避免凸出物，阳角必须抹圆。

图 3.12　多功能活动室　　　　　　　　图 3.13　图书室

 特别提示

为保护幼儿身体健康和保证紧急疏散安全，幼儿生活用房应布置在建筑三层及以下，不应设置在地下室或半地下室中。同一个班的活动室与寝室应设置在同一楼层内。

2. 服务管理用房设计要求

晨检室（厅）应设在建筑的主入口处，并应靠近保健室。幼儿是抵抗力特别弱的群体，因此保健室和隔离室的设置应尽量避开幼儿活动单元，且不应处于幼儿活动的主要通道上。为时刻观察隔离室幼儿的情况，保健室与隔离室之间需要设置观察窗。隔离室需要设置独立的卫生间，且宜设单独出入口。

其他服务管理用房可以与晨检室（厅）等一起设置在门厅附近，便于管理和接待家长。教职工的卫生间应单独设置，不应与幼儿合用。

3. 厨房设计要求

幼儿饮食卫生非常重要，厨房设计中应严格按照卫生防疫的要求进行合理的流程和空间设计。生、熟食流线应合理区分，洁污分离，利于清洁，并保持良好的通风。厨房功能分区及流线图如图 3.14 所示。加工间室内净高不应低于 3.0m。当幼儿园建筑为二层及以上时，应设提升食梯。

4. 交通空间设计要求

幼儿园建筑的交通空间主要包括门厅、过厅、楼梯、走廊、货梯和出入口等空间。

门厅应宽敞明亮，可在一侧设置展示区，或加入游戏元素，让入口空间变得有趣和富有吸引力。

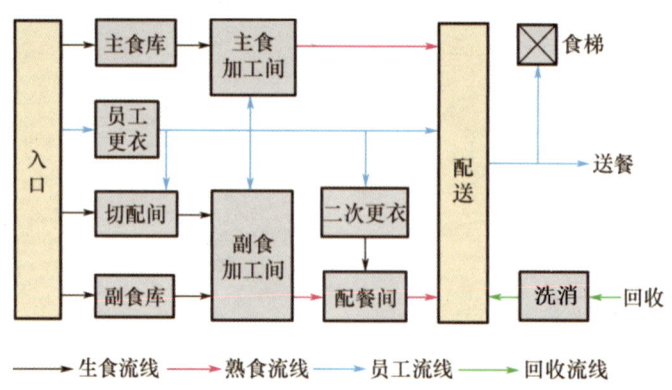

图 3.14 厨房功能分区及流线图

楼梯、走廊应安全、顺畅,并应满足不同人员通行、安全疏散的要求。楼梯间应有直接的自然采光和通风。楼梯除设成人扶手外,应在梯段两侧设幼儿扶手,扶手高度宜为 0.60m。供幼儿使用的楼梯踏步高度宜为 0.13m,宽度宜为 0.26m,如图 3.15 所示。每个梯段的踏步级数不应少于 3 级,且不应超过 18 级。供幼儿使用的楼梯不应采用扇形、螺旋形踏步,并应在首层直通室外。

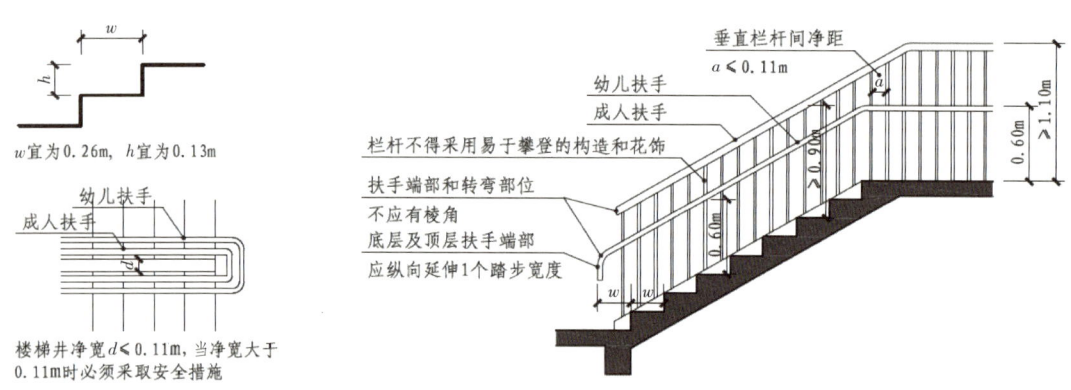

图 3.15 幼儿使用楼梯示意图

走廊具有导向功能和疏散人流的作用。幼儿经常通行的走廊和安全疏散走廊不应设有台阶,当有高差时,应设置防滑坡道,其坡度不应大于 1:12,中间走廊净宽≥2.4m,单面走廊或外廊净宽≥2.4m。服务管理用房和供应用房区域的中间走廊净宽≥1.5m,单面走廊或外廊净宽≥1.3m。幼儿园的外廊、室内回廊、内天井、阳台、上人屋面、平台、看台等临空处应设置防护栏杆,防护栏杆的高度应从可踏部位顶面起算,净高不应小于 1.30m。

走廊设计时需以幼儿安全为核心，兼顾功能性、趣味性与教育性，通过不同的空间排列组合方式，如幼儿生活单元布局的自由性、走廊空间的复合多义性等，创造出多种行动路线，以富有趣味性的空间设计激发幼儿的好奇心和探索精神，锻炼其独立思考能力及创新意识，如图3.16和图3.17所示。

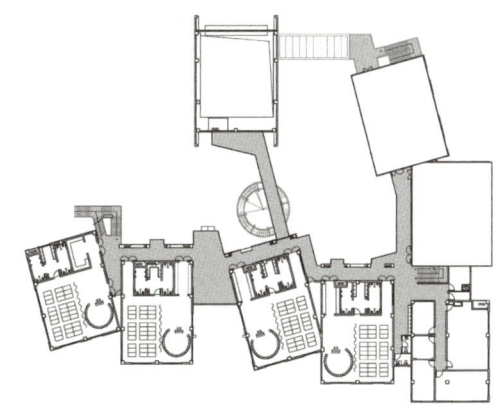

图3.16 复合型走廊平面示意图

图3.17 复合型走廊示例

幼儿园建筑每一楼层的安全出口不应少于2个。幼儿活动场所的房间面积超过 $50m^2$ 时，至少应设2个疏散门。

3.3.4 幼儿园建筑平面空间组合

选择幼儿园建筑平面的空间组合方式时，通常需要考虑幼儿园的规模、地理环境、气候条件等多种因素。常见的平面空间组合方式有以下几种。

1. 廊式组合

廊式组合是主要以走廊联系房间的方式，分为并联式组合和分枝式组合。

并联式组合是利用走廊将若干活动单元并列连接，形成一字形、锯齿形、弧形等。根据走廊位置，还可进一步分为外廊式和内廊式。外廊式将走廊布置在朝向不好的一侧，房间单面布置在朝向较好的一侧；内廊式则将房间以走廊为界分成两部分，主要房间布置在朝向好的一侧，服务房间布置在朝向不好的一侧。并联式组合可能会导致建筑丧失趣味性，因此可以将每个班级活动单元适当旋转一定角度或平移错动来制造变化，如图3.18所示。

分枝式组合是利用走廊将行列的若干活动单元像树枝一样串联起来，如图3.19所示。这种方式使得每个班可以自成一区，分工明确，每个活动单元都有良好的朝向、采光和通风条件，使用和管理较为方便。但交通所占面积相对较大。

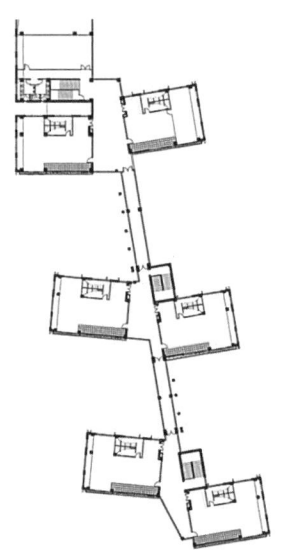

图 3.18　并联式组合　　　　　　　　　　　图 3.19　分枝式组合

2. 厅式组合

以大厅联系房间，如采用风车式、放射式等都可以形成厅式组合，如图 3.20 所示。其特点是没有冗长的走廊，面积较为集中，联系方便。但大厅作为交通枢纽，其采光和通风条件可能受到影响，且如果处理不当，还可能造成供应用房对幼儿生活单元的不利影响。

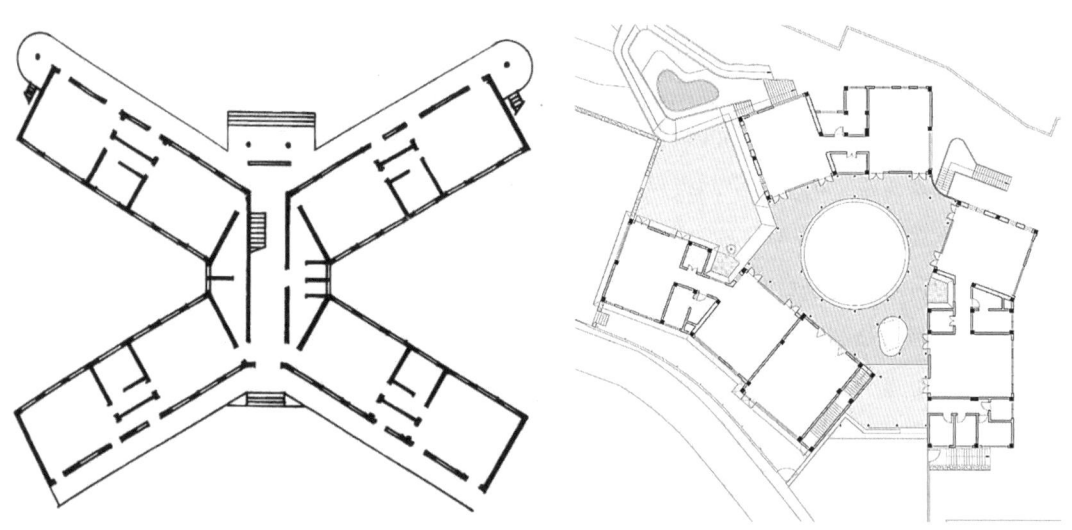

图 3.20　厅式组合

3. 分散式组合

分散式组合是按功能不同自由灵活地将平面组织成若干独立部分，分幢分散布置的组合方式，如图 3.21 所示。分散式组合在不规则地形内能更好地与环境结合，尺度小巧，形式灵活，更能突出幼儿园建筑的活泼个性，采光和通风问题也相对容易解决。但各功能房间相互间稍有干扰，联系不方便，可能造成管理上的不便和能源的浪费。

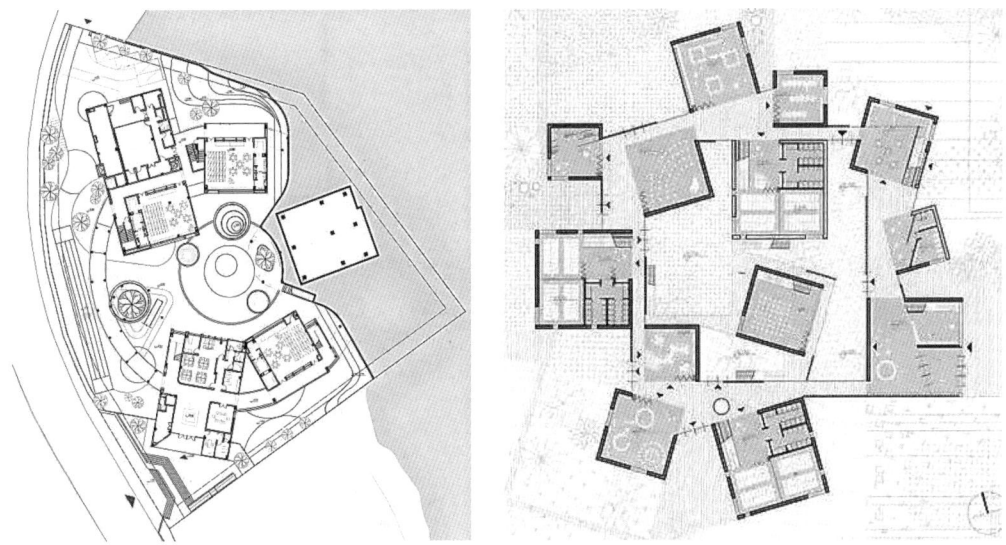

图 3.21　分散式组合

4. 院落式组合

院落式组合是以庭院为中心，用内庭院或连廊联系各个房间的组合方式，如图 3.22 所示。其特点是庭院内部空间安静，尺度适宜，围合感强，可建设良好的室外游戏场地和布置各种幼儿活动设施。同时，庭院兼具通风和采光的作用。院落式组合中的庭院分为封闭式庭院和半封闭式庭院，庭院的平面形式有方形、矩形、圆形、椭圆形、多边形等。

图 3.22　院落式组合

5. 混合式组合

实际上，多数规模较大的幼儿园建筑，其平面空间组合很难完全由某一种组合方式形成，而往往由廊式、厅式和院落式等多种方式混合而成。混合式组合的特点是能够综合各种组合方式的优点，相对更合理和实用。但设计难度相对较大，需要设计师根据实际情况进行深入研究。

 特别提示

幼儿园建筑平面的空间组合方式多种多样，每种方式都有其独特的优点和缺点。在设计时，应根据幼儿园基地的具体情况和设计目标进行综合考虑和选择，创造出方便管理、朝向适宜、日照充足，符合幼儿生理、心理特点的建筑环境。

3.3.5 造型设计

幼儿园建筑的造型设计应体现建筑外部形态的美学形式，反映幼儿园建筑特有的环境特征及空间特征。进行造型设计时，可通过各种与造型相关的要素，如体量的组合、虚实的排列、色彩的处理、光影的变化、材料和质地效果等，使建筑造型与幼儿所特有的心理感觉与个性特征相契合，如图 3.23 所示。一般来说，幼儿建筑造型具有以下特征。

图 3.23 某幼儿园的造型设计

① 体量不大，尺度小巧。
② 错落有致，虚实变换。
③ 布局活泼，造型生动。
④ 新奇、童稚、直观、鲜明。

 特别提示

乡村幼儿园造型设计还需要考虑与周边民居风格互相协调、统一，注重乡村文脉的延续和传承。

3.4 拓展学习

1. 无锡榭丽花园小区幼儿园
2. 临海市协成幼儿园
3. 法国 Boulay 幼儿园
4. 意大利 Guastalla 区幼儿园
5. 学生作品展示（含竞赛获奖作品和 AI 辅助生成作品）

无锡榭丽花园小区幼儿园

临海市协成幼儿园

法国 Boulay 幼儿园

意大利 Guastalla 区幼儿园

学生作品展示

| 模 块 小 结 |

本模块主要根据项目任务的要求，对幼儿园建筑的设计要点和相应的规范标准进行详细的阐述，力求让学生能够运用幼儿园建筑的相关设计知识，对幼儿园建筑的基地条件、各种交通流线、建筑功能等进行合理分析，能够根据功能和美观要求处理平面布局及空间组合的细节，独立完成方案构思和表达。

模块 4

中小学建筑设计

教学目标

通过本模块的学习,学生应掌握中小学建筑的设计特点、方法及相关规范,具备科学布置中小学校区总平面及建筑单体设计的能力,能够运用相关规范,创作出功能合理、造型美观、空间亲切、活泼多变、绿色环保的中小学建筑设计方案,具备独立进行中小学建筑功能分析、空间组合及方案构思的能力。

相关规范标准

教学要求

能力目标	知识要点	权重
能够掌握中小学建筑的相关规范	《中小学校设计规范》(GB 50099—2011)	10%
能够运用中小学建筑的设计方法,进行方案构思及优化提高	中小学建筑的空间特点及设计要点	60%
具备相关案例的调查研究能力,有条件的要开展实地调研,现场感受空间组合	国内外优秀中小学建筑的调研学习(实地调研及网上调研)	10%
具备正确绘制中小学建筑设计方案不同阶段图纸的表达能力	总平面图、平面图、立面图、剖面图、效果图、概念图、分析图的绘制,造型设计等	20%

4.1 任务提出：18班中学建筑设计

1. 设计任务

浙江省衢州市拟在东港片区（中片）新建一所全日制初级中学。规划共18个班（每班50人），在校生人数约900人，不考虑住校。设计要求以中学校园的人文性建构为切入点，建成以人为本、以传统要素为基调、以现代文明为引领，充分渗透绿色建筑设计理念，富有生机活力的校园。

2. 设计内容

校区空间组成及使用面积分配参照表4.1，使用面积可根据需要适当浮动（±5%）。

表4.1 中学校区使用面积参考指标

空间名称	本项目使用面积/（m²/间）	参考指标					
		18班（900人）		24班（1200人）		30班（1500人）	
		间数/间	合计/m²	间数/间	合计/m²	间数/间	合计/m²
普通教室	63～72	18	1134～1296	24	1512～1728	30	1890～2160
音乐教室	70	1	70	1	80	1	70
乐器室	18	1	18	1	18	2	36
美术教室	96	1	96	1	96	1	96
教具室	48	1	48	1	48	2	96
教师阅览室	—	1	108	1	144	1	180
学生阅览室	—	1	153	1	204	1	255
书库	—	—	71	—	71	—	96
教师办公室	18	15	270	20	360	24	432
科技活动室	18	4	72	5	90	6	108
合班教室	—	1	150	1	213	1	300
放映室	18	1	18	1	18	2	36
化学实验室	96	2	192	2	192	3	288
物理实验室	96	2	192	2	192	3	288

续表

空间名称	本项目使用面积/(m²/间)	参考指标					
		18班(900人)		24班(1200人)		30班(1500人)	
		间数/间	合计/m²	间数/间	合计/m²	间数/间	合计/m²
生物实验室	96	1	96	1	96	2	192
演示室	75	1	75	2	150	2	150
实验辅助用房	—	—	292	—	327	—	459
计算机教室	119	1	119	1	119	1	119
计算机辅助用房	—	2～3	36	2～3	36	4～6	72
风雨操场	—	1	650	1	760	1	1000
体育器材室	—	1	72	—	102	—	134
体育教师办公室	—	1	18	1	18	2	36
更衣室	—	1	18	1	18	1	18
语言教室	96	1	96	1	119	1	119
控制、换鞋室	15	2	30	2	30	4	60
史地教室	96	1	96	1	96	1	96
行政办公室	18	8	144	10	180	10	180
总务库	—	1	48	1	60	1	72
开水间、浴室	—	—	36	—	36	—	36
传达、值班室	—	—	22	—	22	—	22
卫生间、饮水处	—	—	187	—	250	—	318
合计使用面积/m²		4627～4789		5657～5873		7254～7524	

3. 设计要求

① 研究周边环境，合理布置校园总平面，布置主入口和次入口。

② 各类建筑布局合理，动静分区明确，联系方便，流线简捷。

③ 学校主入口前后应分别设置小广场作为空间缓冲，面积大小自行分配；应明确划分车流路线、人流路线，人车分流，安全顺畅，消防车道畅通无阻。

④ 建筑功能合理，采光通风良好，使用舒适方便，符合相关的规范要求。同时，设计时还应考虑必要的无障碍设施。

⑤ 结构选型经济合理，以钢筋混凝土框架结构为主。

⑥ 造型新颖、美观，尺度宜人；具有良好的室内外空间关系；底层宜架空，作为活动、休憩和展示空间，以解决用地局促的矛盾；注重环境艺术设计，营造良好的教书育人环境。

⑦ 设置国旗台，其周边应有足够的场地容纳全校师生举行升旗仪式。

⑧ 布置有长轴为南北向的 250m 跑道的操场一座。

⑨ 交通空间、共享空间、灰空间、卫生间，都是可以让设计出彩的地方，摒弃"火柴盒"思维，力争空间多变、通透流转。

4. 地形及技术条件

基地位于衢州市东港片区（中片）东港六路以北、绿园南路以西、东港五路以南地块，建筑控制线退用地红线 5m。地形图如图 4.1 所示。

地形图CAD

校园建筑为多层建筑，要求层数不超过 5 层（含底层架空）。容积率为 0.5～1.0，建筑密度≤40%，绿地率≥30%，建筑控制高度<24m。建议建筑群高低错落，空间通透多变，充分利用底层架空和屋顶露台，并注意安全防护。主要房间应争取良好的自然通风采光条件。

图 4.1 地形图

4.2 任务目标：图纸成果要求

① 总平面图：参考比例为 1∶500～1∶1000。可把拟建地块截出来绘制，全面表达校园建筑及路网、铺地、绿化、运动场地的布局，以及新建校园与原有地段和周边道路的关系。具体要求：绘制屋顶平面并注明层数，箭头标注各建筑出入口；绘制建筑外环境设计成果（包括道路、广场、绿化、小品等）；绘制运动场地体育设施及绿化；绘制建筑阴影，标注风玫瑰图或指北针。

② 各层平面图：参考比例为 1∶100。具体要求：绘制轴网、柱子、墙体；标注建筑主要尺寸（两道尺寸标注）；绘制门窗位置及开启方向；文字注明各房间名称（楼梯间、卫生间除外）；首层平面图应表现室外环境设计，标注剖切线；各层平面均应标注标高，同层中有高差变化时亦须注明。

③ 立面图：参考比例为 1∶100。具体要求：立面图不少于两幅，其中一幅应看到建筑群主入口；表现建筑立面效果及细部构造、配景等；标注主要建筑标高，并注明建筑外装饰做法；绘制立面阴影。线型选择：地坪线用特粗线，建筑外轮廓线用粗线，立面细部构造、配景用细线。

④ 剖面图：参考比例为 1∶100。具体要求：至少一幅，应剖到楼梯间和空间具有代表性之处；注明室外场地、各层楼地面及檐口标高；剖切位置在一层平面图上有相应的剖切符号。

⑤ 透视图：比例不限。具体要求：为了更好地表现建筑的造型设计、建筑与环境的关系，建议至少一幅鸟瞰图，一幅主要立面人视图，最好再有一幅庭院透视图，表现手法不限。

⑥ 分析图：内容涵盖交通、消防、绿化等方面，亦可有概念图、体量生成分析图等。

⑦ 设计说明：主要字体应采用仿宋字或方块字工整书写，内容为设计构思说明，包括场地概况、设计目标与意图、设计构思与理念等。

⑧ 技术经济指标：包括总用地面积、总建筑面积、建筑基底面积、道路广场面积、绿化面积、容积率、建筑密度、绿地率。可汇总成表格附在总平面图上。

⑨ 设计人和指导教师姓名，设计完成时间。可标注在每页图纸的适当位置。

4.3 任务实施：设计要点分析

中小学建筑方案设计应积极应对建设场地的挑战，对于校园占地面积十分局促的学校，可把诸多功能合并于一个分区合理、联系方便的综合楼里（图 4.2、图 4.3）；对于跨街区的校园，宜用过街连廊来加强各部分的联系（图 4.4）。

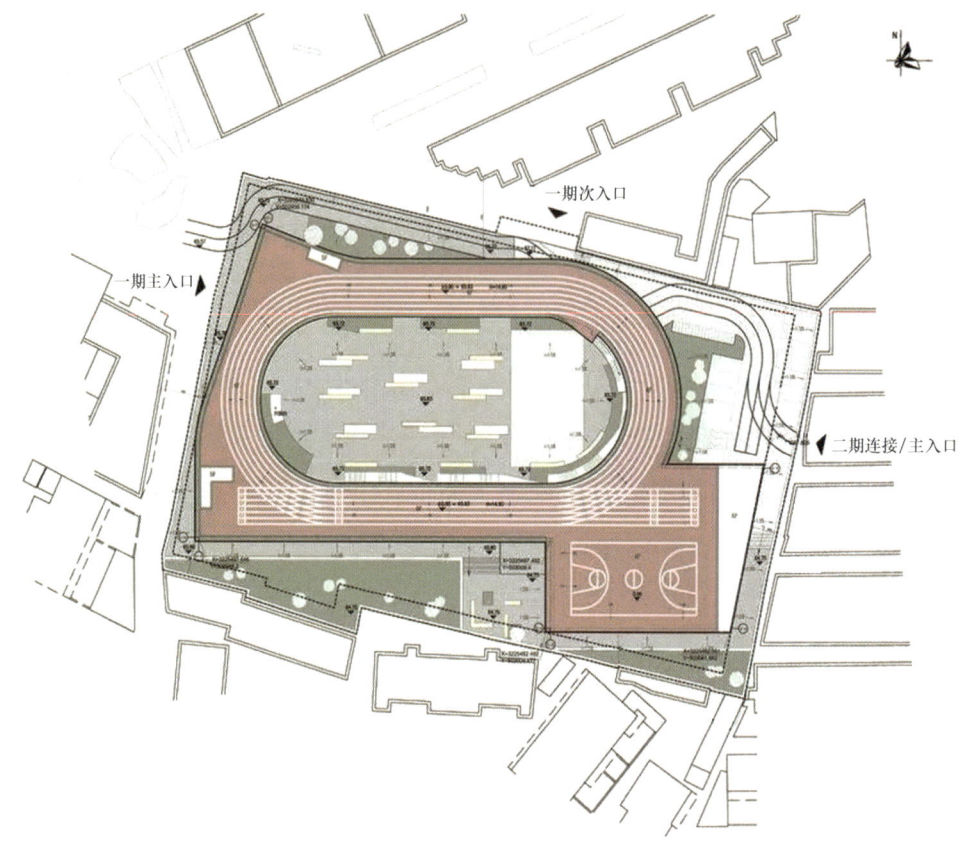

图 4.2　台州天台赤城第二小学总平面图（场地局促十分罕见）

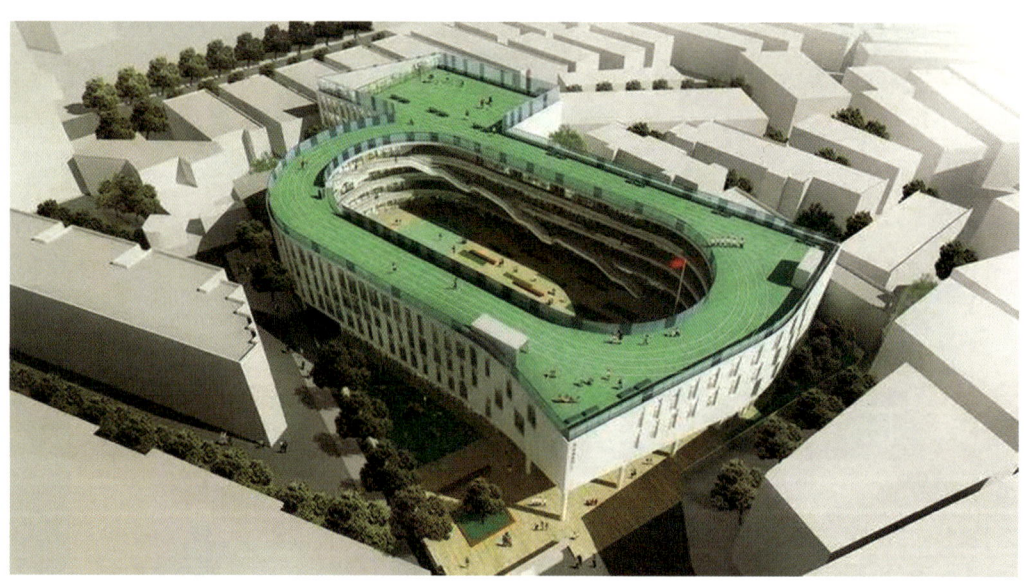

图 4.3　台州天台赤城第二小学鸟瞰图（设计巧妙，匠心独运）

图 4.4 某跨街区校园总平面图（过街连廊集零为整）

4.3.1 校址的选择

中小学校址的选择应符合以下规定。

① 校址应选择在阳光充足、空气质量好、场地排水顺畅、地势较高、无自然灾害的地段。校内应有布置运动场的场地和设置给水排水及供电设施的条件。

② 学校宜设在无污染的地段。学校与各类污染源的距离应符合国家有关防护距离的规定。

③ 学校主要教学用房的外墙面与铁路的距离不应小于 300m；与机动车流量超过 270 辆/h 的道路同侧路边的距离不应小于 80m，当小于 80m 时，必须采取有效的隔声措施。

④ 学校不宜与市场、公共娱乐场所、医院太平间等不利于学生学习和身心健康甚至危及学生安全的场所毗邻。

⑤ 校区内不得有架空高压输电线穿过。

⑥ 中学服务半径不宜大于 1000m；小学服务半径不宜大于 500m。走读小学生不应跨过城镇干道、公路及铁路，有学生宿舍的学校不受此限制。

4.3.2 总平面设计

1. 总平面功能分区

中小学校区由教学用房、办公用房、辅助用房、生活服务用房及室外活动区等组成。

一座功能较为完备的初级中学，其总平面功能分区泡泡图如图 4.5 所示。图 4.6 为某校园总平面功能分区具体案例。

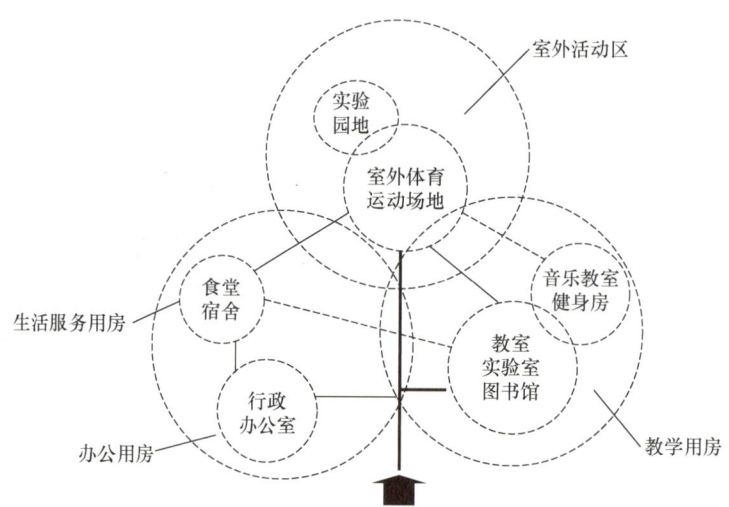

图 4.5 总平面功能分区泡泡图

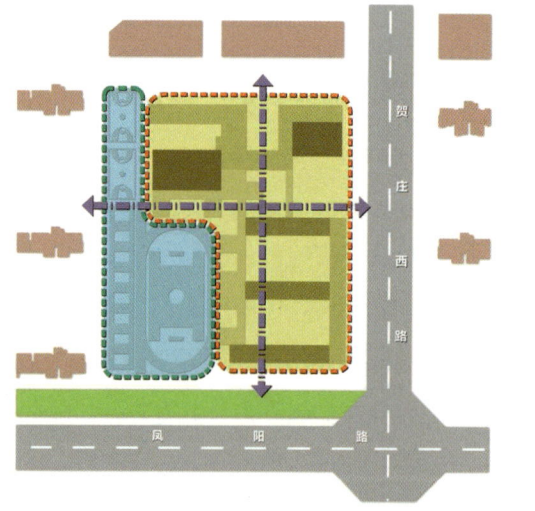

图 4.6 某校园总平面功能分区具体案例

(1) 教学用房

教学用房由普通教室、专用教室（各类实验室、音乐教室、美术教室等）、公共教室（合班教室、视听教室、计算机教室等）、图书阅览室、科技活动室及体育活动室（风雨操场、游泳馆）等教学及教学辅助用房组成，应根据学校的类型、规模、教学活动要求和条件，分别设置上述一部分或全部教学及教学辅助用房。

(2) 办公用房

办公用房分为教学办公用房和行政办公用房。教学办公用房是供任课老师办公、备课、批改作业、辅导学生、课间休息的房间。行政办公用房包括党务、行政、教务、总务、团（共青团）、队（少先队）等职能部门的办公室及会议室。

(3) 辅助用房

辅助用房主要指各种交通系统，如走廊、楼梯间、电梯间等。

(4) 生活服务用房

生活服务用房包括门卫室、收发室、库房、食堂、卫生间、开水间、洗衣间等。

(5) 室外活动区

室外活动区包括室外体育运动场地、实验园地等。

2. 总平面设计要求

教学用房、办公用房、辅助用房、生活服务用房及室外活动区应分区明确、布局合理、联系方便、互不干扰，并满足相关规范要求。

① 教学楼、图书馆、实验楼应布置在校区中较为安静的位置，主要房间应有良好的朝向。

② 办公用房应安排在对外联系便捷、对内管理方便的位置。

③ 生活服务用房应对外联系方便，不干扰校内正常活动，应设有独立出入口，自成一区，并与教学用房有一定的卫生间距。

④ 体育活动室（风雨操场、游泳馆等），应接近室外体育运动场地，共同形成体育运动区，同时便于向社会开放。

⑤ 室外体育运动场地应按以下要求设计：中学课间操场面积不宜小于 $3.3m^2$/人；每6班最少设一个篮球场和排球场，有条件的要设置标准足球场，条件有限的也可设置小型足球场；设置田径场，根据用地条件设 200～400m 环形跑道，当城市用地紧张时，中学应至少设置 100m 直线跑道，学校田径场具体尺寸详见图4.7和表4.2；球场、田径场长轴以南北向为宜，球场和跑道皆不宜采用非弹性材料地面。

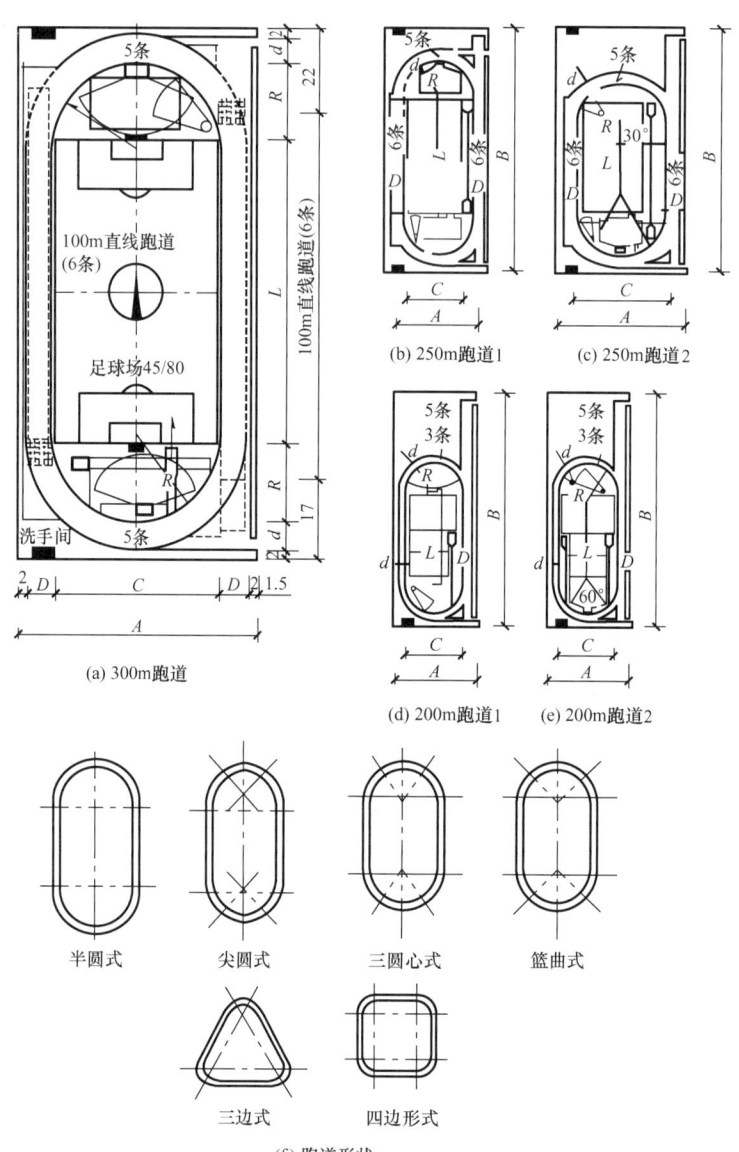

图 4.7 学校田径场尺寸示意（单位：m）

表 4.2 学校田径场尺寸表 单位：m

学校田径场规格	场地尺寸				弯曲半径		跑道宽度	
	A	B	C	L	R	r	D	d
300m 跑道	65.50	139.00	47.00	75.50	23.50	—	7.50	6.25
	54.50	129.00	36.00	67.50	18.00	—	7.50	6.25
250m 跑道	68.00	129.00	49.50	26.13	33.00	16.50	7.50	6.25
	43.50	124.00	30.00	52.00	15.00	—	6.25	3.75
200m 跑道	43.50	124.00	30.00	39.84	20.00	10.00	6.25	3.75

⑥ 校园内教学楼的位置、体型、层数以及出入口位置等，既要满足功能要求，也要考虑城市规划要求，并应和周围建筑、景观、环境相协调（图4.8）。

图4.8 某18班小学设计方案总平面图

⑦ 校园内道路系统应完整通畅，宽度适宜。正常情况下，应人流通行顺畅；紧急情况下，应保证人流疏散安全。

⑧ 校园内各栋建筑或一栋建筑各个体块之间的距离，校内建筑与校外相邻建筑之间的距离，应符合防火间距、卫生间距等有关规定。

⑨ 在建筑用地范围内，各栋建筑或一栋建筑各个体块的组合，应尽量紧凑、集中，以节省建筑占地面积或范围，为扩大或保证学校体育活动场地创造条件。

⑩ 结合建筑设计，做好校园的环境艺术设计，打造美丽的校园景观，创造良好的校园环境。

⑪ 应充分利用基地原有的自然条件，进行适量的和必要的改造，因地制宜，顺应环境，合理而有效地使用土地（图4.9）。

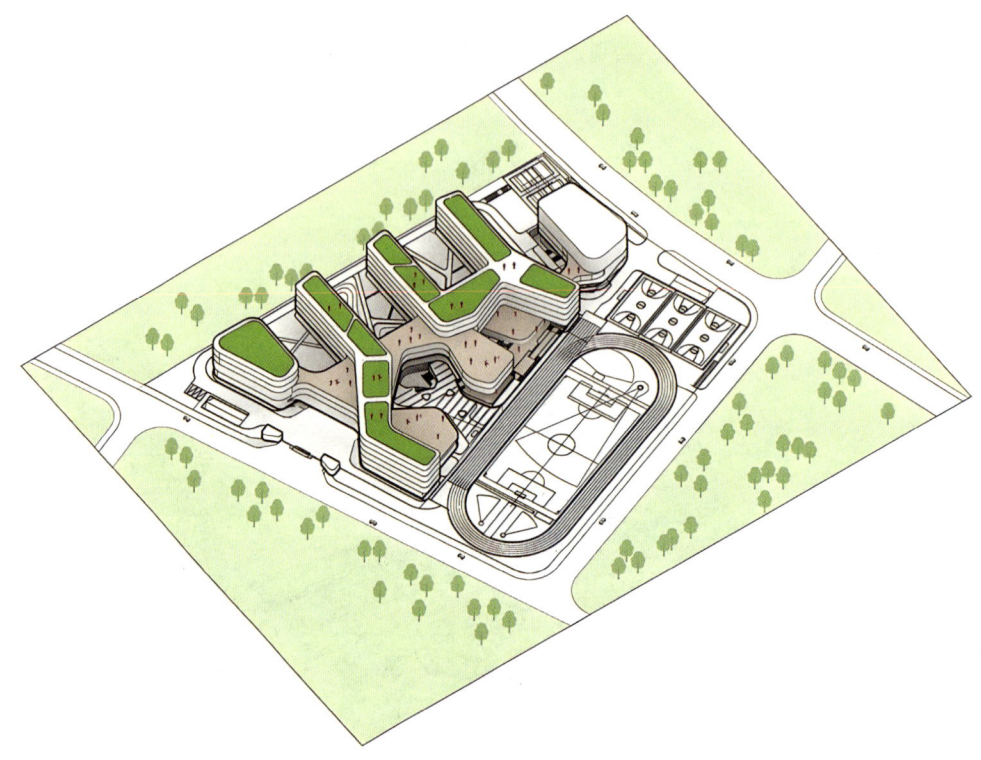

图 4.9　顺应地形环境进行总平面规划设计

4.3.3　建筑设计

中小学建筑由教学用房、办公用房、辅助用房、生活服务用房四大部分组成。在进行建筑设计时，应按照组合原则选择合适的组合方式，并根据各功能分区的具体要求进行合理设计。

1. 组合原则和平面组合方式

（1）教学用房的组合原则

① 不同性质的用房宜分区设置，做到功能分区明确，相对位置合理，相互联系方便，处理好各种房间的组合关系。

② 以班级为单位设计平面，以年级为聚落组团布置。

③ 交通流畅，满足安全疏散要求。

④ 平面布局紧凑，结构选型合理，设备安装方便。

⑤ 大多数教学用房要有合适的朝向和良好的通风条件，普通教室朝向以南向和东南向为主。

⑥ 做好卫生间设计，便位数量、分布位置都要精心计算与安排，饮水处位置也要科学设置。学校卫生间使用时段比较集中，使用人数较多，空间宜宽敞，应对外采光通风，应设前室与视线遮挡措施。

（2）教学用房的平面组合方式

① 走廊式组合。走廊式组合有内廊、外廊和内外廊混合等几种组合方式，简洁明了，是应用最广泛的平面组合方式。三种组合方式如图 4.10～图 4.12 所示。

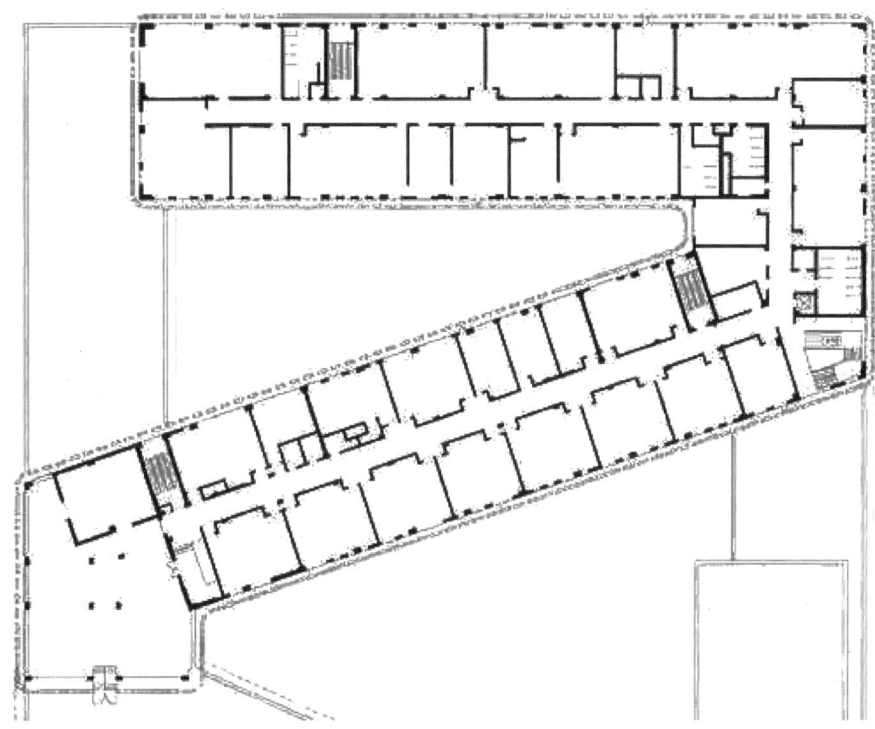

图 4.10　内廊组合（北京法国国际学校）

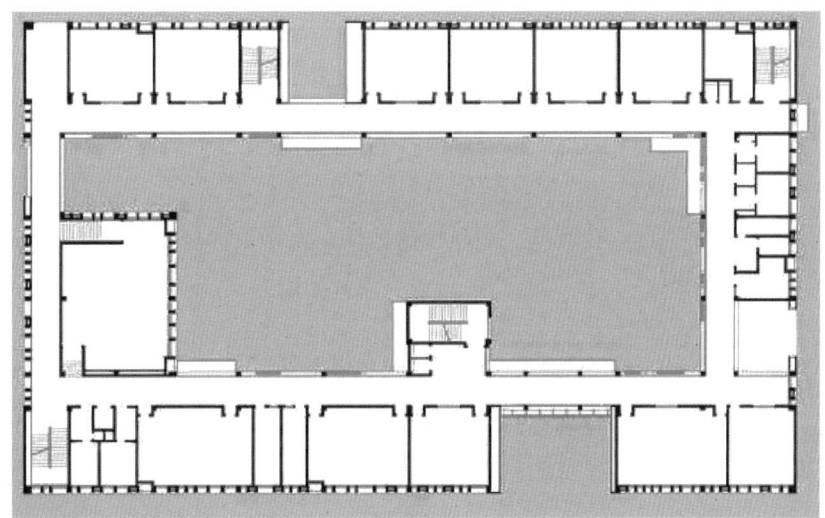

图 4.11　外廊组合（浙江安吉灵峰小学）

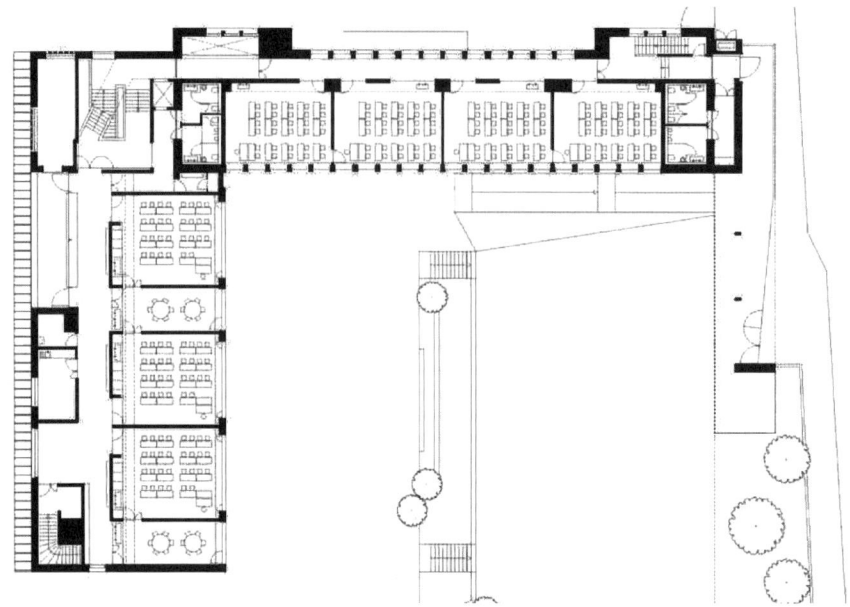

图 4.12　内外廊混合组合（国外某学校平面图）

② 单元式组合。单元式组合是联系密切的若干教室及辅助配套用房集中在一个组合体内，形成一个相对独立的单元，再由若干单元以一定的平面组合方式形成单元组团。为满足防火、隔声、视线、卫生间距、交通疏散等相关规范的要求，单元之间常以两个或以上的连廊连接，以两部或以上的楼梯作为垂直交通，形成任意一间教室均有两个通路疏散的平面格局。这种组合形式便于不同年级相对独立，也可形成丰富的庭院景观。灵活多变的单元式组合适应地形的能力较强，尤其适用于不规则或地势起伏较大的校区。其缺点是占地面积较大，交通面积占比较大。单元式组合如图 4.13 所示。

③ 厅式组合。厅式组合是以通高大厅为中心，以周边走廊围合连接各教学用房的一种平面组合方式。如图 4.14 所示，各层教学用房通过共享中厅周边的走廊相联系，形成环状组合。中厅底层是学生课间休息、交往、游戏的场所，也可以用于各种展示。厅式组合也可在各层以面积不等的小厅进行平面组合。在严寒、多风沙的地区，大厅顶部应设置封闭采光顶，以抗寒、抗风沙；南方及炎热地区，大厅顶部宜开敞或采取遮阳措施，以利于通风降温。厅式组合的缺点是其大跨度导致工程费用较多，也容易造成声音的相互干扰。

2. 教学用房

（1）普通教室

① 一般要求。

a. 教室应有足够的面积，合理的形状，能满足一般的教学需要。

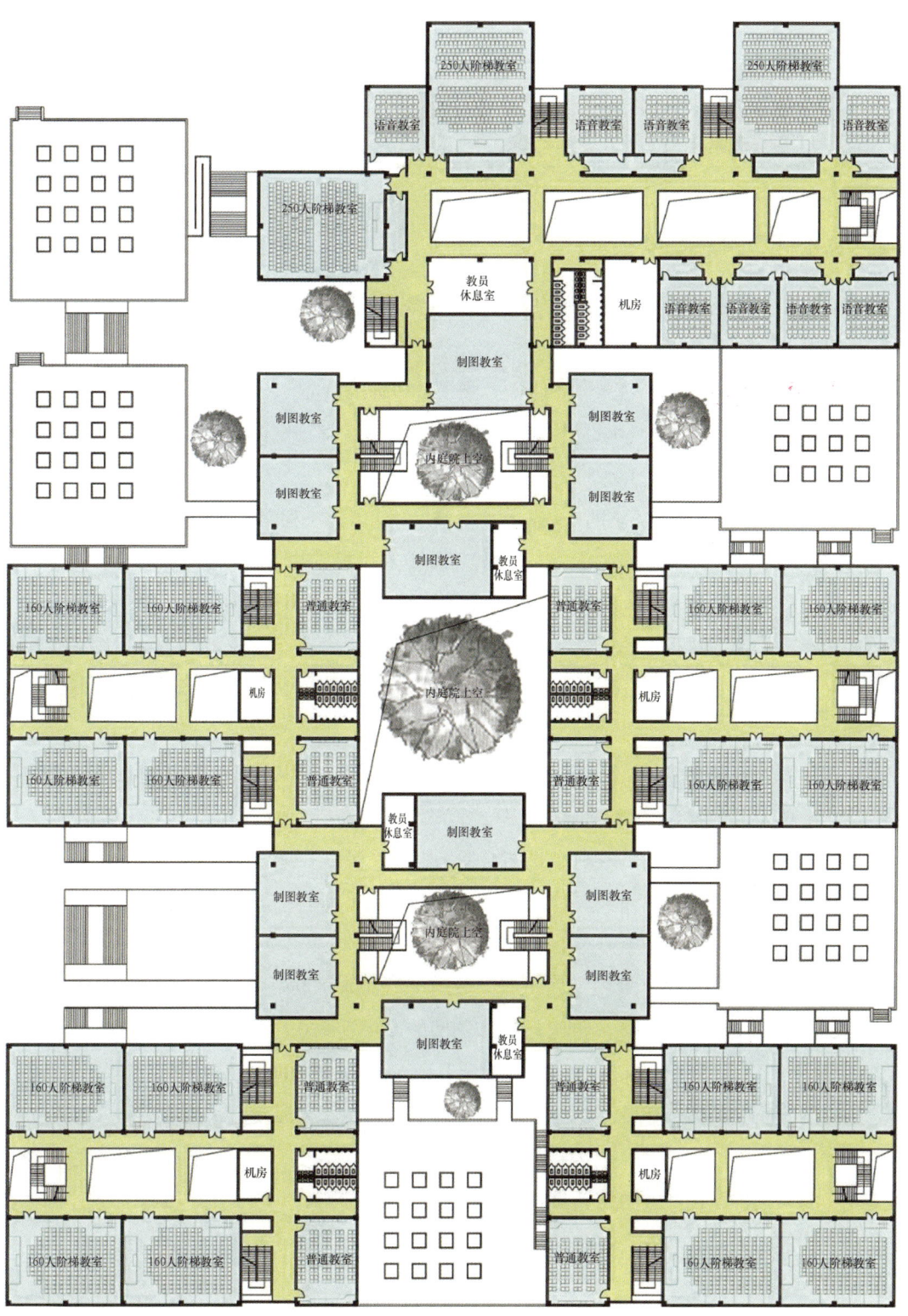

图 4.13 单元式组合

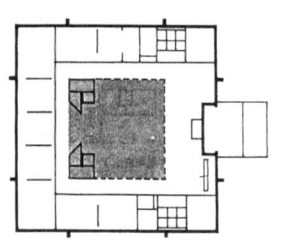 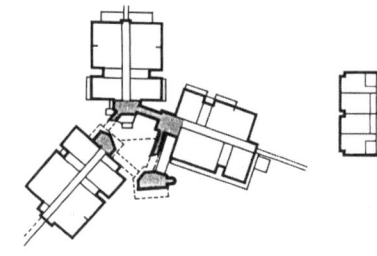 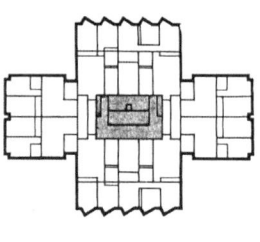

图 4.14　几种厅式组合案例

b. 教室需有良好的朝向，充足而均匀的光线，要避免阳光直射，还应合理布置满足照度要求、用眼卫生的照明灯具。

c. 教室座位布置应便于学生书写和听讲，便于教师讲课和辅导，满足通行及安全疏散需要。

d. 教室须有良好的声学环境，要隔绝外部噪声的干扰，保证室内有良好的音质条件。

② 教室尺寸的确定。

教室的尺寸取决于教室容纳的人数、学生身高尺寸（人体工程学）、课桌椅的尺寸与座位的排列方式，以及采光、通风、结构、设备及施工技术等因素，也与建筑经济条件有关。近人空间要与学生的身高和人体各部分的尺寸相适应。课桌椅的布置要满足学生视听及书写要求，注意第一排座位前缘与黑板的距离、课桌的排距、教室最后一排座位与黑板的距离、教室的纵向走道尺寸、最后排座椅后背与后墙之间的横向走道尺寸、课桌与内侧墙的尺寸，便于通行就座和教师辅导。

a. 视距要求：最前排课桌的前沿与黑板的水平距离不宜小于 2.20m；最后排课桌的后沿与黑板的水平距离，小学不宜超过 8.00m，中学不宜超过 9.00m。

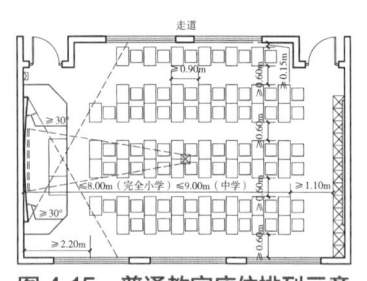

图 4.15　普通教室座位排列示意

b. 视角要求：水平视角（即前排边座到黑板远端的夹角）应大于 30°；垂直视角（即第一排学生的视线与黑板顶部构成的夹角）应大于 45°。

c. 课桌椅的排距宜 ≥ 0.90m。纵向走道宽度应 ≥ 0.60m。课桌端部与侧墙的净距宜 ≥ 0.15m，最后排课桌的后沿至后墙面或固定家具的净距应 ≥ 1.10m（图 4.15）。

d. 教室的层高，取决于气容量、采光均匀度、房间比例及经济等因素。一般来说，3.6～3.9m 层高才能满足气容量的要求。从房间的比例和空间的视觉效果看，层高为房间跨度的 1/2～2/3 为好。不适当地增加层高会增加建筑造价，应予避免。

③ 教室的平面形状。

教室的平面形状通常以矩形为主，此外还有方形、多边形等（图 4.16）。

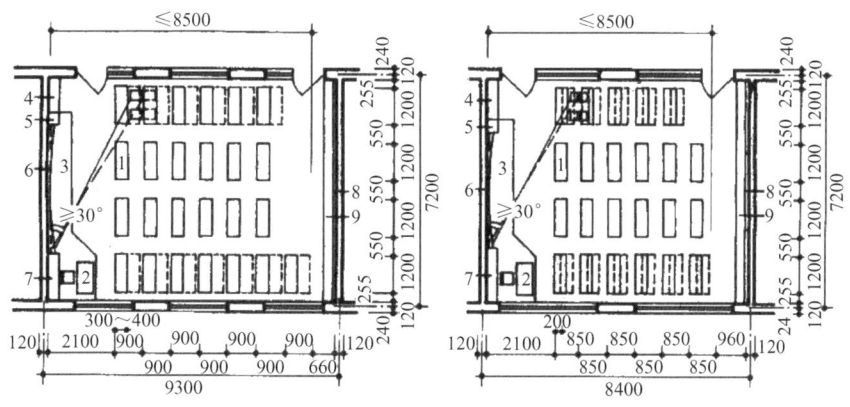

(a) 矩形教室

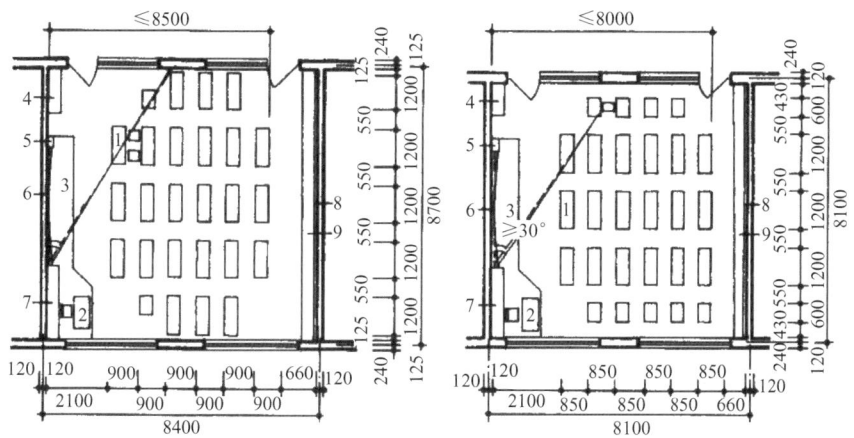

(b) 方形教室

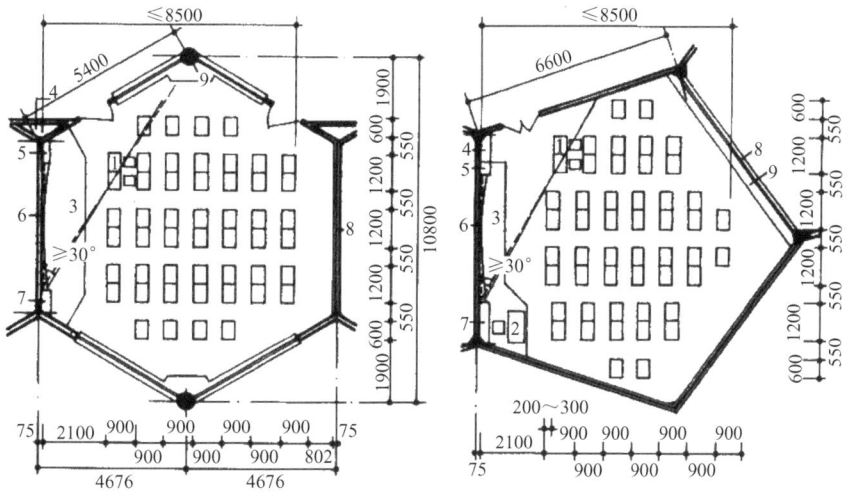

(c) 多边形教室

1—课桌；2—讲课桌；3—讲台；4—清洁柜；5—音箱；6—黑板；7—书柜架；
8—墙报布告板；9—衣服雨具架

图 4.16　几种教室平面形状

a. 矩形教室：空间简洁，布局方便，是当前最为流行的形式。其平面轴线尺寸可采用9000mm×6900mm、9000mm×6600mm、9000mm×6300mm等几种经济柱网尺寸。

　　b. 方形教室：教室的进深与开间基本相同，其平面轴线尺寸可采用7200mm×7200mm、7500mm×7500mm、7800mm×7800mm及7500mm×7800mm等。方形教室的有效面积系数较矩形教室低，且不宜用于内廊式组合。

　　c. 多边形教室：有五边形、六边形、八边形等，空间形式较为新颖，在采光、通风和座位排列上有其优越性，但结构设计较为烦琐，经济性稍差。

　　④ 教室门窗设计。

　　按照疏散要求，一般应在教室前后各设一门，门洞宽为1000mm。在平面组合中，也可只设一个门，但其宽度应为1200～1500mm，双扇内开，以免影响走廊中行人的通行。门洞高一般为2400～2700mm。

　　窗的位置及尺寸大小主要受采光标准、层高及结构的制约。一般情况下，窗宽为1500～2100mm，窗高为2100～2700mm。光线必须由学生左侧射入室内，以方便阅读和书写。各座位的亮度要均匀，窗上口要尽可能接近天棚，窗下口距地面（即窗台高）为900～1000mm。窗间墙宽度在满足结构要求的前提下应尽量缩小。

　　（2）专用教室和公共教室

　　① 科学教室和实验室。

　　科学教室和实验室均应附设仪器室、实验员室、准备室。其座椅类型和排列布置应根据实验内容及教学模式确定，并应符合有关规定。

　　实验室主要包括化学、物理、生物实验室，其中物理、生物实验室房间组成如图4.17、图4.18所示。此外还有综合实验室和演示实验室。一般实验室使用面积为小学87m²、中学96m²。实验室建议尺寸为7800～8400mm。

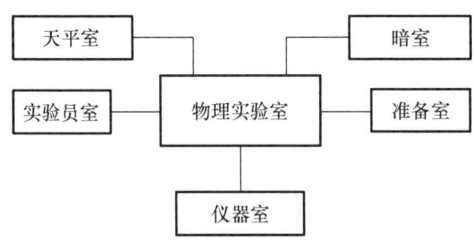

图 4.17　物理实验室房间组成

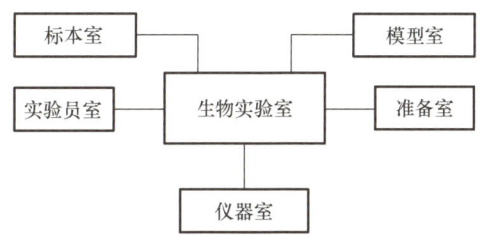

图 4.18　生物实验室房间组成

② 计算机教室。

计算机教室的座位应垂直于采光窗，当座位平行于采光窗布置时，室内应设暗色遮光窗帘，并应设置有光栅的灯具，具体座位布置可参考图 4.19 和图 4.20。

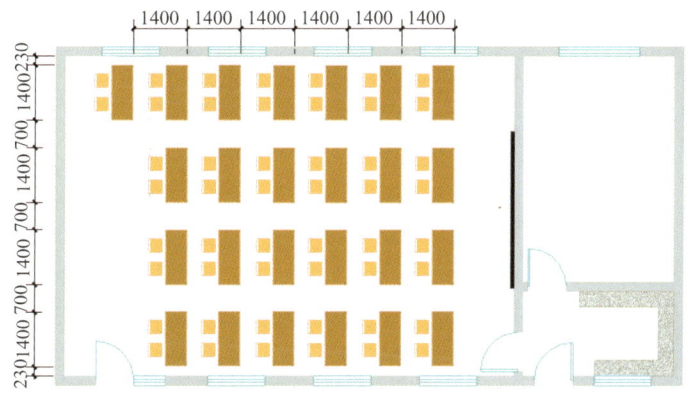

图 4.19　计算机教室座位布置方式之一

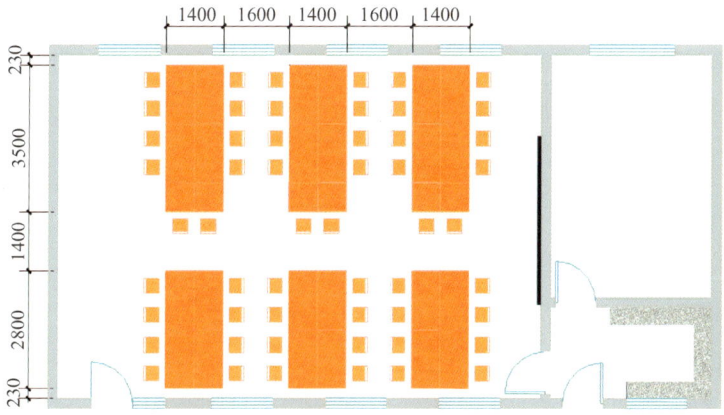

图 4.20　计算机教室座位布置方式之二

③ 语言教室。

语言教室由语言教室、控制室或准备室组成，还应附设视听教学资料储藏室。必要时，可在准备室内辟一小录音室备用，并应设换鞋处。语言教室应选择在教学楼中较为安静且便于学生使用及学校管理的部位。

中小学校设置进行情景对话表演训练的语言教室时，可采用普通教室的课桌椅，也可采用有书写功能的座椅，并应设置不小于 20m² 的表演区。语言教室的座位布置如图 4.21 所示。

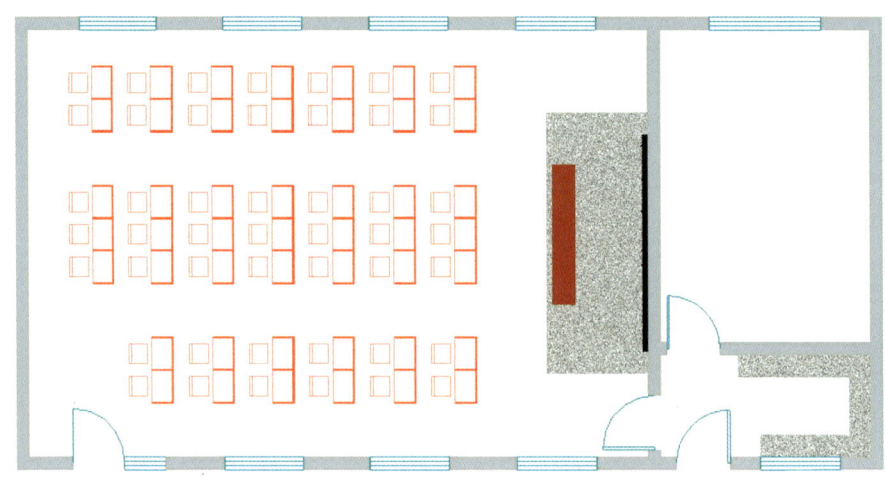

图 4.21 语言教室的座位布置

④ 自然教室。

24 班以上规模的学校，高、低年级宜分设自然教室，一间自然教室宜附设准备室（兼仪器室、放映室），两间还可附设教具存放及陈列室。自然教室向阳一面需设较宽通长窗台。

⑤ 美术、书法教室。

美术教室应有良好的北向天然采光。当采用人工照明时，应避免眩光。小学美术教室可兼作书法教室。

⑥ 音乐、舞蹈教室。

音乐教室宜远离教学楼独立设置，必须设在楼内时宜放在尽头或顶层，音乐教室常见的几种平面形状如图 4.22 所示。

舞蹈教室宜满足舞蹈艺术课、体操课、技巧课、武术课的教学要求，并可开展形体训练活动。每个学生的使用面积不宜小于 6m²。

⑦ 合班教室。

各类小学宜配置能容纳两个班的合班教室。各类中学宜配置能容纳一个年级或半个年级的合班教室。合班教室宜附设一间辅助用房，储存常用教学器材。

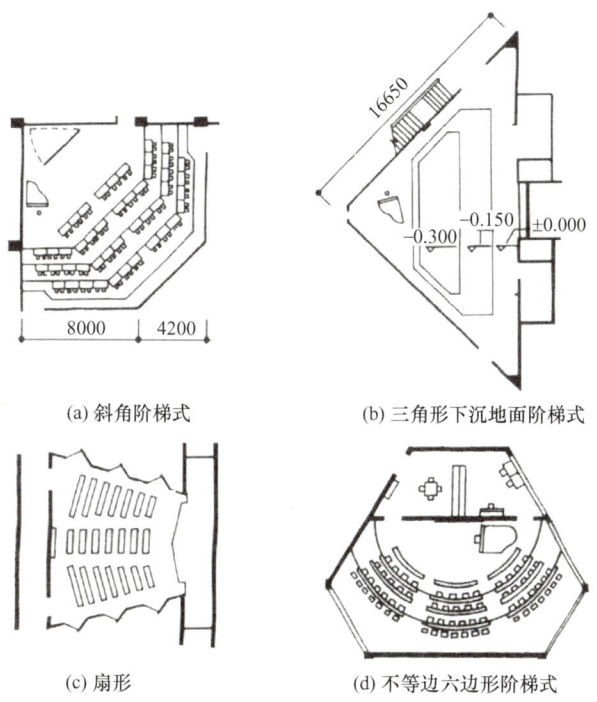

(a) 斜角阶梯式　　　　(b) 三角形下沉地面阶梯式

(c) 扇形　　　　　　　(d) 不等边六边形阶梯式

图 4.22　音乐教室常见的几种平面形状

合班教室的平面形状有矩形、正方形、扇形、多边形等。容纳 3 个班及以上的合班教室应设计为阶梯教室，由于使用人数多，应有两个及以上的安全出口。合班教室的平面形状及座位布置形式如图 4.23 所示。

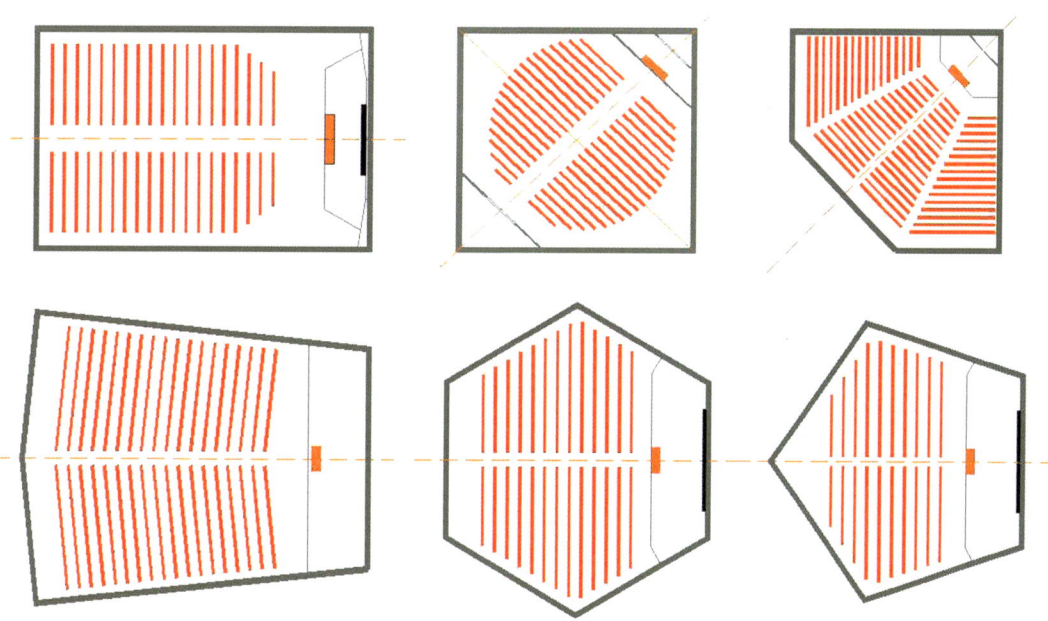

图 4.23　合班教室的平面形状及座位布置形式

⑧ 图书室。

中小学校图书室应包括学生阅览室、教师阅览室、图书杂志及报刊阅览室、视听阅览室、检录及借书空间、书库、登录区、编目区及整修工作室，并可附设会议室和交流空间。

图书室应位于学生出入方便、环境安静的区域。为便于学生使用和工作人员管理，图书室应临近教学楼或设在教学楼内，集中于一层或一个体部，形成一个独立的区域。

3. 办公用房和生活服务用房

中小学校办公用房应包括校务和教务等行政办公室、档案室、会议室、学生组织及学生社团办公室、文印室、广播室、值班室、安防监控室、网络控制室、卫生室（保健室）、传达室、总务仓库及维修工作间等。

任课教师的办公室应包括年级组教师办公室和各课程教研组办公室。年级组教师办公室宜设置在该年级普通教室附近。课程有专用教室时，该课程教研组办公室宜与专用教室成组设置。其他课程教研组办公室可集中设置于行政办公室或图书室附近。

中小学校生活服务用房应包括饮水处、卫生间、配餐室、发餐室、设备用房，宜包括食堂、淋浴室、停车库（棚）。寄宿制学校应包括学生宿舍、食堂、浴室。

（1）卫生间

教学用建筑每层均应分设男女学生卫生间及男女教师卫生间。学校食堂宜设工作人员专用卫生间。当教学用建筑中每层学生少于3个班时，男、女生卫生间可隔层设置。卫生间位置应方便使用且不影响其周边教学环境卫生，可设在教学楼一端、两端或两排楼中间，如图4.24所示。卫生间应采用天然采光和自然通风，其入口处宜设前室或遮挡措施，并优化开门位置及方向。

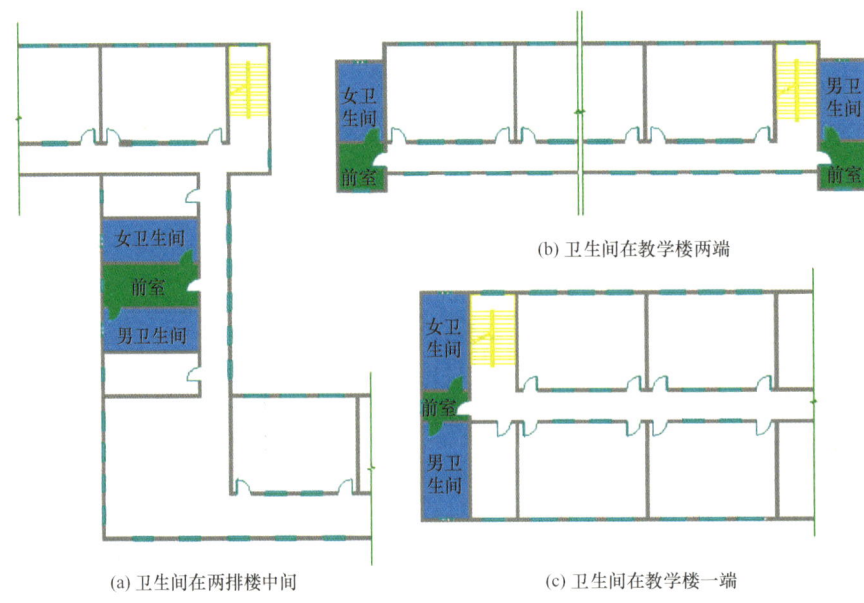

图4.24　教学楼中几种卫生间位置示意

学生卫生间洁具的数量应按下列规定计算。

① 男生应至少为每 40 人设 1 个大便器或 1.20m 长大便槽；每 20 人设 1 个小便斗或 0.60m 长小便槽。女生应至少为每 13 人设 1 个大便器或 1.20m 长大便槽。

② 每 40～45 人设 1 个洗手盆或 0.60m 长盥洗槽。

③ 卫生间内或卫生间附近应设污水池。

（2）食堂及宿舍

食堂与室外公共卫生间、垃圾站等污染源间的距离应大于 25m。食堂不应与教学用房合并设置，宜设在校园的下风向。厨房的噪声及排放的油烟、气味不得影响教学环境。

寄宿制学校的食堂应包括学生餐厅、教工餐厅、配餐室及厨房。走读制学校应设置配餐室、发餐室和教工餐厅。

学生宿舍不得设在地下室或半地下室。必须男女分区设置，分别设出入口，满足各自封闭管理的要求。

4. 辅助用房

（1）安全通行与疏散要求

中小学校应装设周界视频监控、报警系统。

临空窗台的高度不应低于 0.90m。上人屋面、外廊、楼梯、平台、阳台等临空部位必须设防护栏杆，防护栏杆必须牢固、安全，高度不应低于 1.10m。防护栏杆最薄弱处承受的最小水平推力应不小于 1.5kN/m。

（2）门厅

门厅为教学楼的主要交通枢纽，具有接纳、分配人流的作用，即从门厅经走廊、楼梯把人员分散至各个房间，如图 4.25 所示。门厅既要合理集散人流，也可适当安排展示空间。此外，门厅常与建筑造型结合起来，增加立面的变化。门厅参考尺寸：宽为 4500～4900mm，进深为 6000～12000mm，面积为 0.06～0.08m^2/人。

（3）走廊

走廊的净宽度应符合下列规定：教学用房内廊不应小于 2100mm，外廊不应小于 1800mm；行政及教师办公室走廊不应小于 1500mm。

走廊的长度不应过长。当走廊有高差变化时应设置台阶，台阶处应有天然采光或照明，踏步级数不得少于 3 级，并不得采用扇形踏步。当高差不足 3 级踏步时应设置坡道，坡道的坡度不应大于 1∶8，不宜大于 1∶12。

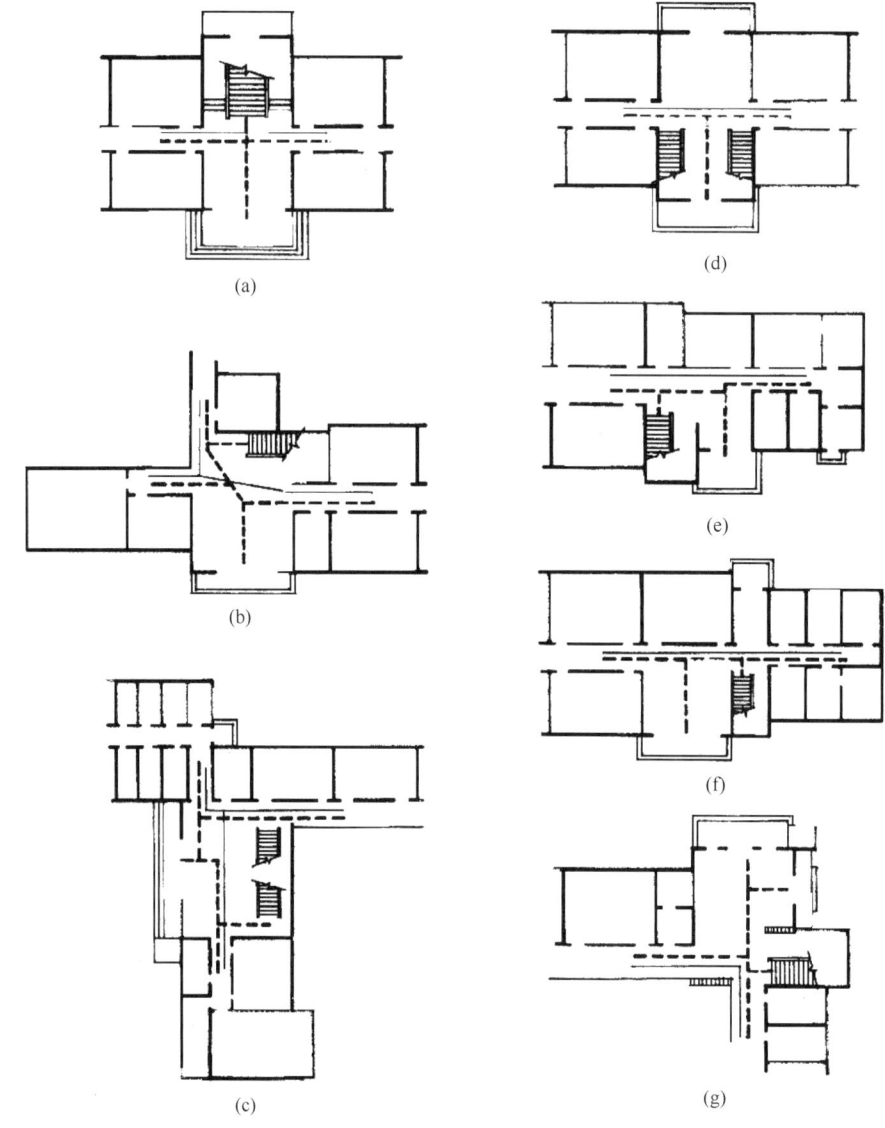

（a）、（b）、（c）楼梯在入口对面；（d）、（e）、（f）、（g）楼梯在入口一侧；
其中（a）、（d）、（e）、（f）、（g）门厅联系2条走廊；（b）、（c）门厅联系3条走廊

图 4.25　几种门厅形式人员活动流线

（4）楼梯

楼梯是上下楼层联系的通道，位置要明显，疏散要方便，宽度和数量要满足疏散和防火要求。

根据防火要求，两楼梯之间的房间，房门至最近楼梯间的最大距离不超过30m。袋形走廊两侧或尽端的房间，最远房门到楼梯口的距离不超过20m。

楼梯踏步尺寸，一般采用踏步高 a 为 140～160mm，踏步宽 b 为 280～340mm。楼梯井的宽度 D 不应大于 200mm，超过 200mm 时应采取安全措施，不得采用螺旋形或扇形踏步。楼梯具体尺寸详见图 4.26 和表 4.3。

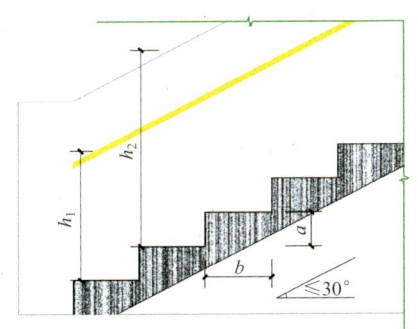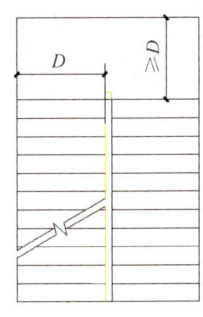

图 4.26　楼梯尺寸

表 4.3　楼梯尺寸参考数值

楼梯部位	尺寸 /mm	
	中学	小学
h_1	—	600～700
h_2	≥1000	≥900
a	140～160	140～160
b	290～310	280～300

楼梯宽度及间距参照《建筑设计防火规范（2018 年版）》（GB 50016—2014）计算。每段踏步不得多于 18 步，不得少于 3 步。

中小学校室内楼梯扶手高度不应低于 0.90m，室外楼梯扶手高度不应低于 1.10m；水平扶手高度不应低于 1.10m。

中小学校的楼梯栏杆不得采用易于攀登的构造和花饰，杆件或花饰的镂空处净距不得大于 0.11m。

4.3.4　教学楼立面造型设计

1. 教学楼的体型及立面设计

中小学教学楼的体型及立面设计要能反映校园建筑的性格与特征。教室单元具有相似性，可形成韵律。窗户宽敞、走廊宽大、色彩明快、空间多变，多用连廊和内庭院来组织空间，给人以开朗、活泼、亲切和愉快的感觉，同时，围合空间亦形成较强的领域感，便于塑造教书育人的环境（图 4.27）。

图 4.27 广东实验中学顺德学校附属小学内庭院

空间排布要主次分明。教学用房是学校的主要使用空间，应布置在条件良好的地方。办公用房及辅助用房宜放次要部位。建筑造型要通过体块、线形、虚实、凹凸、光影与色彩的对比，来形成优美的建筑形象。"统一是设计的灵魂"，各部分必须相互呼应、协调统一，从而达到统一中有变化、变化中有统一的艺术效果（图 4.28）。

图 4.28 广东实验中学顺德学校附属小学教学楼

2. 细部设计

细部设计是建筑立面设计的深化，一个优秀的设计作品一定会有匠心独运的细部设计，如图 4.29 所示。建筑入口是立面设计的重点部位，必须多花心思，力求出彩。入口空间多做强调式处理，以突出入口的位置，引导人流进入建筑。其强调手法有挑出雨篷或门廊、空间凹进、材质变化、色彩对比等，从而达到重点突出的效果（图 4.30）。

图 4.29　澳大利亚 Penleigh & Essendon 文法学校的细部及色彩设计

图 4.30　北京一六一中学回龙观学校

其他细部设计部位还有门窗、柱子、檐口、雨篷、栏杆、遮阳设施及装饰线条等，除满足使用功能上的要求外，在比例、尺度、形式、材质、色彩上都应仔细考虑，如柱子用什么形式好看、门窗用何种形式美观等。总之，细部设计要结合功能要求和建筑构造特点，力求遵循"形式追随功能"的现代建筑原则,简洁明快,注意整体效果和各部位的统一协调(图4.31、图4.32),切忌烦琐和附加一些不必要的装饰。

图 4.31　新疆华山中学博古其校区

中小学细部设计

图 4.32　石家庄翡翠书院小学

3. 其他要求

由于使用人数较多、使用时段集中、疏散困难、抗震设计要求高等原因，教学楼建筑的立面设计除遵循一般建筑设计原则外，还需要注意以下几点。

① 体形尽量采取简单几何形，且尽量对称，以加强整体刚度，提高建筑的抗震性。

② 功能相近的结构单元尽量采用"统一开间、统一进深、统一层高"的"三统一"原则。

③ 不宜采取错层。

④ 避免或尽量减少局部凸出、凹进，悬挑部分应上下对齐。"伸胳膊踢腿"的造型设计不利于建筑抗震。

⑤ 中小学校区用地一般比较紧张，设置架空层可形成实用且有趣的建筑空间（图 4.33）。

图 4.33　江苏省梅村高级中学空港分校

4.4　拓展学习

1. 北京四中房山校区
2. 山西兴县一二〇师学校

北京四中
房山校区

山西兴县
一二〇师学校

模块小结

本模块主要对中小学建筑设计的要点和相关规范标准进行梳理和阐述,力求使学生能够运用中小学建筑设计的相关知识,对学校建筑的基地条件、功能分区、交通流线、建筑布局等进行合理分析和布置,在老师的指导下,做出功能合理、造型美观、思考成熟、细节到位的中小学建筑设计方案。

模块 5

文化休闲建筑设计

教学目标

文化休闲建筑类型广泛，包括观演、游艺及其他多种商业休闲建筑等。本模块所讨论的为狭义上的文化休闲建筑，即开展群众性文化休闲活动的文化馆、文化中心、活动中心等。以上述建筑为重点，并以乡村活动中心为设计项目，学生应了解文化休闲建筑的设计特点、设计方法及相关规范，具备处理建筑设计中的"功能组合"及"空间的艺术处理"问题的能力；通过不同的功能分区之间的有机结合，在此基础上创造出亲切、活泼、多变的娱乐教育空间环境，从而具备进行文化休闲建筑功能分析、空间组合及方案构思的能力。

相关规范标准

教学要求

能力目标	知识要点	权　重
能够掌握文化休闲建筑的相关规范	《文化馆建筑设计规范》（JGJ/T 41—2014）	10%
能够运用文化休闲建筑的设计方法，进行方案的构思、比较及选择	文化休闲建筑的设计要点	60%
具备联系实际、调查研究的能力，有能力运用各种科学方法收集资料，进行调查研究	乡镇中优秀文化休闲建筑的调研分析	10%
具备精确绘制文化休闲建筑设计方案不同阶段图纸的表达能力	平面图、立面图、剖面图、建筑模型、效果图、分析图的绘制，造型设计等	20%

5.1 任务提出：乡村活动中心设计

1. 设计任务

南方某村落为促进村镇文体活动建设，满足村民日益增长的物质文化生活需求，同时解决现有公共服务设施缺乏的问题，拟建一乡村活动中心。其主要功能：一是为村民提供图书阅览、小型娱乐休闲和体育活动空间；二是为当地提供一处集文化交流、会议活动和管理办公于一体的文体活动中心。乡村活动中心总建筑面积控制在 2000m² （±10%）。

2. 设计内容

乡村活动中心空间组成及建筑面积见表5.1。

表5.1 乡村活动中心空间组成及建筑面积

序号	功能分区	空间名称	建筑面积/m²	备注
1	乡村会客厅	多功能厅	200	小型集会、报告厅兼礼堂
		乡土特产展示	100	也可结合门厅、休息厅布置
		党建宣传展示	40	也可结合门厅、休息厅布置
		休闲书吧	100	
		生态餐厅	300（含厨房）	平时服务于乡村老年人
2	活动用房（邻里中心）	乒乓球室	40	
		台球室	40	
		棋牌室	20×3=60	
		超市	100	
		物流收发室	50	
3	办公用房	办公室	20×3=60	
		小会议室及接待洽谈室	90	
4	辅助用房	库房	20	
		设备间	20	
		门厅、卫生间、走廊、楼梯等公共空间的面积依需要自定		
5	室外空间	考虑一定规模的室外活动空间：入口广场、内院或露天剧场、室外篮球场等活动场地，布置绿化、水体、小品等景观设施		
	总计		2000	±10%

3. 设计要求

建筑层数为2～4层，限高18m。建筑总体布局与建筑设计应充分考虑用地环境特征，准确把握乡村活动中心建筑的性格特征，注重地域文化和现代设计语言表达，合理组织功能，方便居民和旅客使用。建筑造型、体量、风格、色彩应与周边环境相协调，宜突出当地文化特色。建筑材料和结构形式自定。建筑设计需要考虑气候特点，进行节能设计和绿色建筑设计。

4. 地形及技术条件

建设基地地形及技术条件如图 5.1 地形图所示。

地形图 CAD

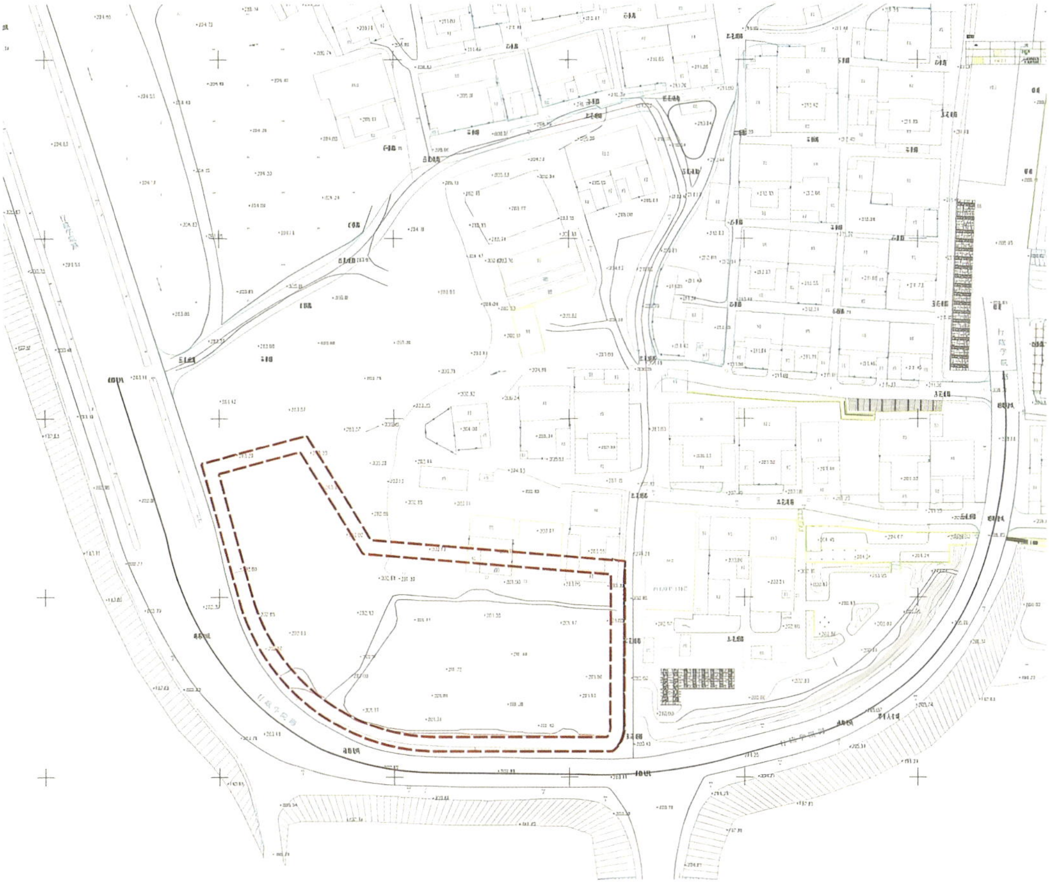

图 5.1 地形图

5.2 任务目标：图纸成果要求

① 总平面图：比例为 1∶500。要求画出准确的屋顶平面并注明层数及功能，注明各建筑出入口的性质和位置；画出详细的室外环境布置（包括道路、广场、绿化、小品等），正确表现建筑环境与道路的交接关系；画出指北针；体现主要技术经济指标（总建筑面积、总用地面积、容积率、绿化率、建筑高度等）。

② 各层平面图：比例为 1∶200。要求注明房间名称（禁用编号表示）；首层平面图应表现局部室外环境，画出剖切标志、指北针；各层平面图中均应标明室内标高，同层中有高差变化时亦须注明；各层平面图中均应画出室内家具、卫生设备布置。

③ 立面图：比例为 1∶200。要求不少于两幅，至少一幅应看到主入口，制图要求区分粗细线来表达建筑立面各部分的关系。

④ 剖面图：比例为 1∶200。要求不少于一幅，应选在具有代表性之处，并注明室内外、各楼地面及檐口标高。

⑤ 透视图：要求两幅或两幅以上，应能看到主入口，并能较好地反映建筑特征。要求彩色表现，方式不限，可结合于图纸中。

⑥ 设计说明：要求以简练的文字说明设计构思。

⑦ 除上述要求外，还可以附加表达自己设计思想的其他图纸。

5.3 任务实施：设计要点分析

文化休闲建筑种类较多，且相应的设计要求各不相同，本节以文化馆（包括活动中心）建筑为主要讲解类型，并选择乡村活动中心案例，传达如何在设计中体现"建筑是生活的容器"这一理念。

5.3.1 总平面设计

1. 总平面组成内容

总平面一般包括下述三部分用地，应在总平面规划设计中予以适当的安排。

（1）入口广场

入口广场的主要作用是组织人流和车流的通畅集散，并创造优美而富有吸引力的乡村开放空间环境，渲染衬托建筑自身形象的文化氛围（图 5.2）。

图 5.2　广州市黄麻村活动中心入口空间

（2）建筑基底和庭院

这是建筑自身空间结构所占有的用地区域，其作用是提供室内外主要活动空间，并创造富有特色和魅力的建筑形象。

（3）室外活动场地

室外活动场地用于组织各种室外休闲、娱乐和小型体育活动。这部分用地宜与预留发展用地毗邻，以便统筹安排和灵活使用。

2. 总平面布置的基本要求

（1）应有明确的功能分区

上述三部分用地范围在总平面布置时都应有明显的界定，使休闲活动人流集散场地能与内部工作人员和货物车辆出入场地明确分开，以确保内外有别、互不干扰。

（2）应有效组织好场地人流交通和车流交通流线

一般基地要求场地内至少应设两个出入口。

主要出入口前宜有足够宽敞的前院（或入口广场）用地，可供布置画廊、宣传橱窗、黑板报等广告宣传设施，设置足够的非机动车辆、机动车辆停放场地，以及必需的环境绿化用地。当主要出入口紧邻交通干道时，还应遵照城市规划要求后退道路红线，留出适当的缓冲空间。设置其他辅助出入口时，其场地内也应适当布置机动车辆的临时停放车位。

（3）应有利于创造优美的空间环境

总平面规划时，建筑基底的平面形状和尺度的设计，应充分考虑其建筑界面与相邻建筑所形成的空间形态和景观的视觉效果，以期达到加强建筑入口广场空间和建筑自身形象的艺术表现力的目的。

总平面规划设计必须重视和把握基地所处的空间环境和自然环境对建筑实体形态与尺度的总体影响（图5.3）。

（4）应营造宜人的室外活动场地

人们的休闲活动需求和方式是因人而异、随时而异的。热闹、兴奋的运动是一种休闲方式，清静、放松的休息也是一种休闲方式。对同一个人来说，这两种休闲活动需求也总是交替出现的。

因此，室外活动场地也应创造一些可供人们放松和静思的空间，让人们可在此看书、下棋、喝茶、聚会、闲聊或观景、观演，享受闹中取静的惬意。这种空间可以是建筑环抱的庭院空间，也可以是封闭或开放的园林绿化空间。

图 5.3　江苏省昆山市费家浜村民服务中心

3. 本项目的环境与布局分析

项目的环境分析如图 5.4 所示。本项目建设用地较为平整，对场地的使用基本无影响，可结合室外场地设计，利用现有坡度进行场地排水设计。用地东侧为山体，景观朝向好，设计中应充分发挥和利用该区域的景观特点。

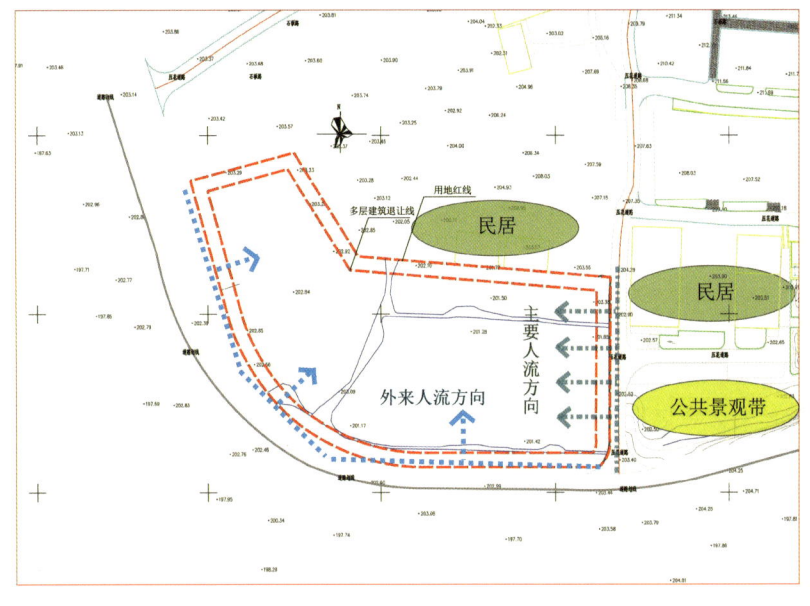

图 5.4　环境分析

用地南侧为主要道路，北侧和西侧为乡村住宅，东侧局部布置有乡村公共景观带。可考虑将主要出入口设在东侧，西北侧布置一部分室外活动场地。

5.3.2 功能组成和布局分析

1. 功能组成

文化休闲建筑一般由公共空间、群众活动用房、业务用房、管理辅助用房等组成，具体功能组成如图 5.5 所示。文化馆建筑与其他类型建筑的最大区别是它没有专有的单一功能，在功能组成上有很大的灵活性、多样性，因此其各功能分区根据不同规模和使用要求可增减或合并。

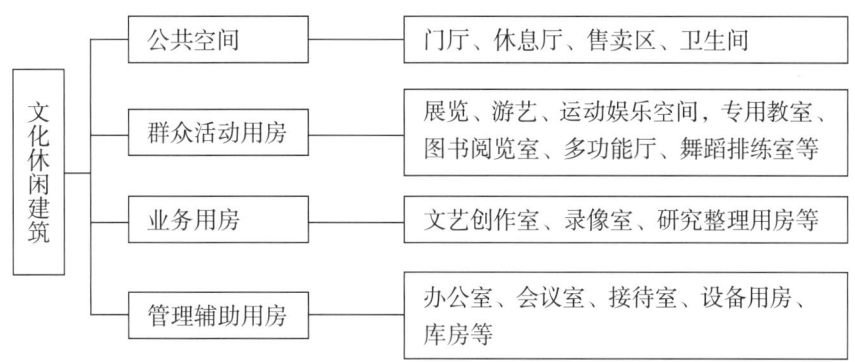

图 5.5 文化休闲建筑功能组成

文化休闲建筑虽然在功能内容即组织结构上没有固定的模式，但其功能分区仍可按以下三个方面进行划分。

（1）内外分区

功能分区在使用上，一般分为外部群众使用和内部工作人员使用两部分，因此应分别设立外部群众出入口和内部工作人员出入口。如果有观演厅、舞厅等，还应单独设立出入口。

（2）闹静分区

安静的房间在布置时宜设在较高楼层，或远离门厅等有干扰的部分；而人流多、噪声大、有干扰的房间宜布置在底层，并邻近出入口。

（3）开放程度

公共空间与群众活动用房为完全对外开放，业务用房为不完全对外开放，管理辅助用房为内部使用，不对公众开放。

活动中心建筑作为文化休闲建筑的一种形式，其功能组成如图 5.6 所示。

2. 功能布局分析

（1）竖向功能布局分析

在本项目任务中，乡村活动中心的主要功能分区为乡村会客厅、活动用房（邻里中心）、办公用房和辅助用房，对外开放程度呈递减趋势（图 5.7）。因此在竖向布置上，可将各功能分区按照开放程度分别布置在不同的楼层，首层布置人流量大的房间，人流量小的房间布置在上层。同时，"闹"的空间在底层，"静"的空间在上层。按照以上原则，乡村会客厅宜布置在建筑首层或者外侧；活动用房如棋牌室、乒乓球室、台球室等布置在二层，超市和物流收发室对外性强，人流量大，应布置在首层；办公用房可布置在最内侧或二、三层；辅助用房则根据具体功能要求布置。

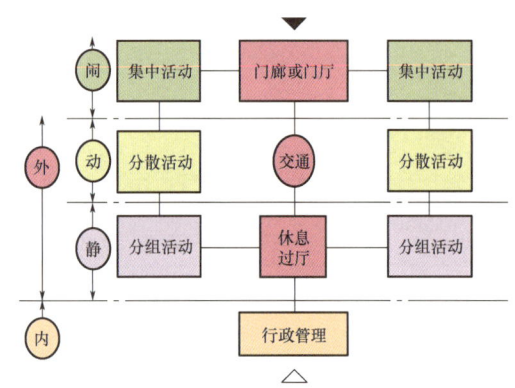

图 5.6 活动中心建筑功能组成

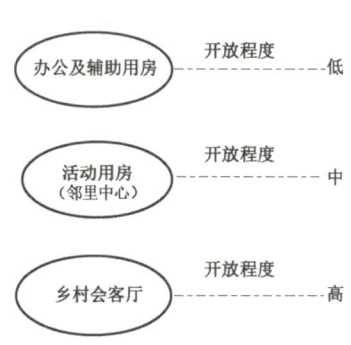

图 5.7 各功能分区开放程度

（2）平面功能布局分析

本项目用地面积较大，平面布局可以采用一栋建筑的形式，也可以采用几栋建筑组合在一个地块的形式。其中多功能厅人流量大，宜布置在建筑一角比较独立的地带，以免对其他用房产生干扰，同时设置独立的对外出入口。乡土特产展示主要为对外展示功能，宜布置于门厅一侧，可结合门厅或休息厅布置。党建宣传展示则带有一部分行政功能，可布置于一层门厅附近，也可在办公用房附近布置，可灵活考虑一层或者二层。超市和物流收发室人流量大，且有货车往来，可布置在一层入口附近。生态餐厅既有对外的要求，也需要有良好的景观视线，可灵活布置在一层或者二层。需要注意的是，如生态餐厅设置在二层，则厨房需要配置货梯。

乒乓球室、台球室、棋牌室属于邻里中心的范畴，主要为村民服务，可考虑布置在建筑二层或者一层内侧。休闲书吧需要安静的环境，可布置在二层一角或者三层。

通过平面功能布局分析，形成活动中心功能关系，如图 5.8 所示。

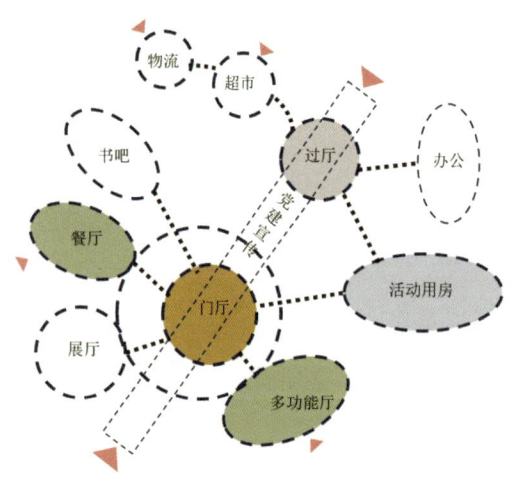

图 5.8 活动中心功能关系

5.3.3 活动用房设计

（1）多功能厅

多功能厅是文化活动的重要基地，主要作为群众性活动讲座、普及类活动讲演、区域性群众工作会议场所以及较大型文化知识的学习辅导场所，兼具大型会议室的功能，宜为能灵活分隔的大空间。多功能厅可与门厅、休息厅有较方便的联系，如图5.9所示。厅内地面宜为平地面，打破传统单一"讲堂式"阶梯形的布置格局，以实现高效的空间转换与多功能使用，满足多样化活动需求，打造"一厅多用"的现代多功能场所。

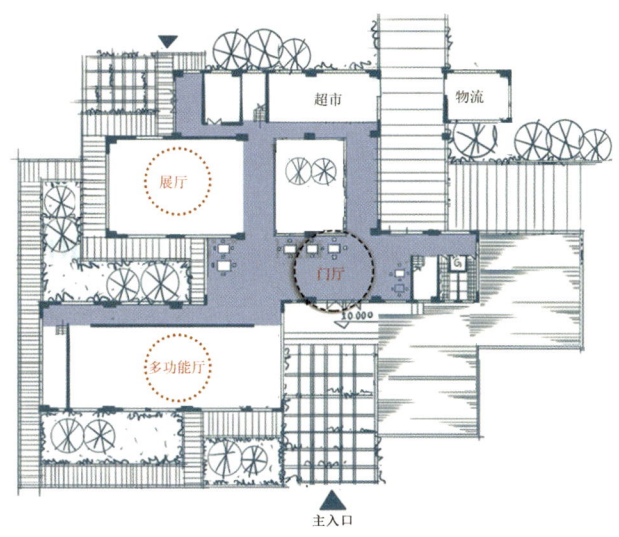

图 5.9 多功能厅与门厅的关系

（2）展览空间

文化休闲建筑中的展览空间常采用敞开式，与门厅及休息空间合并布置，如图5.9所示。在小型文化休闲建筑中，由于受规模限制，可与走廊结合形成展廊的形式，如图5.10所示。

 特别提示

乡村活动中心的展览空间多用作农产品展销空间，以服务乡村振兴需求，或以非遗展示为主。城市文化活动中心的展览空间则多用作艺术品展览。

（3）排练厅

排练厅是可进行多种用途的、中型的训练和排练活动的场所，如进行各种舞蹈、练功活动，戏剧、曲艺的排练，武术、健美的培训等。排练厅的规模一般应以容纳20～30人为宜。排练厅的面积不宜过小，人均面积不应小于 6m^2，面积过小既难以进行排练及排演，又影响多种功能的综合使用。为保证排练厅的有效使用,应设置必要的辅助用房,如库房、卫生间、淋浴室等。

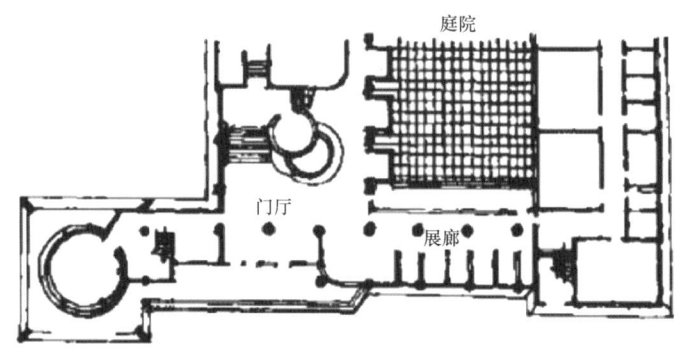

图 5.10　展览空间与交通、休息空间的关系

为供舞蹈及练功使用,排练厅地面应有良好的弹性,即应做成基层为木龙骨的木地板;室内墙面至少应有一面墙设通长的照身镜,镜下面至少应有 200mm 高的踢脚板,照身镜顶部应高些,以便于演员在排练某些舞蹈造型时能看到自身的姿态;其他墙面应设置可上下调节高度的把杆,以适应不同身高及年龄段人员练功使用;室内净高也应高些,一般不应低于 4.5m。

在进行排练厅的结构布置时,室内不得设柱,同时应保持墙面平直,以便于布置沿墙把杆及照身镜等设施。

(4)美术工作室

美术工作者需要围着模型台作画,又需选择良好的绘画角度,故美术工作室内应有较为宽裕的空间。考虑到辅导及管理等要求,美术工作室的规模一般以不超过 30 人为宜,其面积指标按《文化馆建筑设计规范》规定为 $2.8m^2$/人。

考虑到进行素描训练时,多在室内摆放 2～4 组模型台,学员围绕模型台成半圆形写生,因此室内不设课桌椅,写生时使用画架及坐凳。美术工作室形状一般以方形或矩形为宜,便于使用及面积的有效利用。美术工作室的平面布置及相关尺寸如图 5.11 所示。

进行美术的基本训练,写生对象的光影极为重要,有条件时可选用北向房间以取得较为均匀的天空散射光。若无北向房间,可将美术工作室设于顶层,并在顶层屋面上设北侧采光天窗,取得北侧顶部采光。室内的窗均应设置窗帘及窗帘盒,必要时可利用人工照明。

室内应设置水池,水池周围的墙面应贴瓷片,便于擦拭洗笔时溅于墙面的水渍,地面也应有泄水防滑措施。墙面应设挂镜线,便于展示学员作业作品、示范作品或欣赏观摩作品等。美术工作室应具有适于学习的环境,如设置电源,以及在冬季保持一定室温等。

(5)书法工作室

书法工作室相比美术工作室除室内使用的家具不同、无北向采光的要求外,其他与美术工作室基本一致。书法工作室的规模一般不应超过 30 人，其面积指标最低为 2.8m²/ 人。书法工作室应每人一桌一椅，桌的尺寸以（900～1000mm）×700mm 为宜，每座均应直接就座而不得跨座就位，书法工作室的平面布置及相关尺寸如图 5.12 所示。本室所用的书画桌的桌面，应可根据作画的需要调节成不同的角度（桌面远端可以升高，如一般绘画桌），书画桌应设置抽屉，以便存放所携带的用品，如参考资料、纸张、书画工具等。

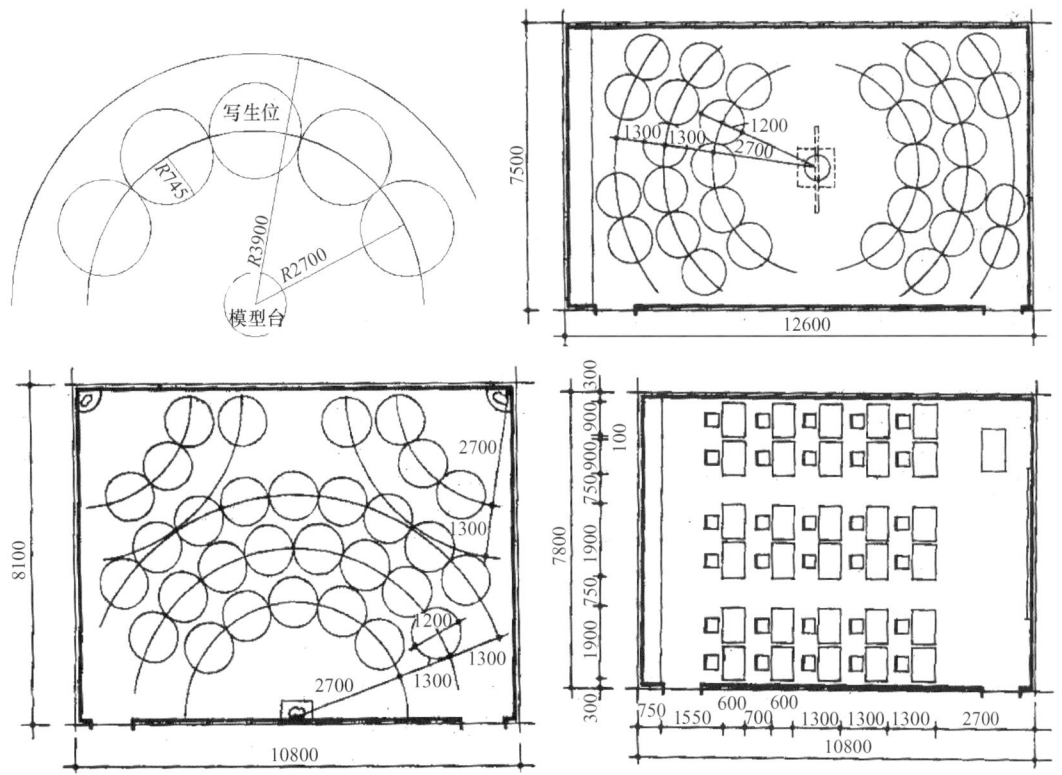

图 5.11　美术工作室的平面布置及相关尺寸

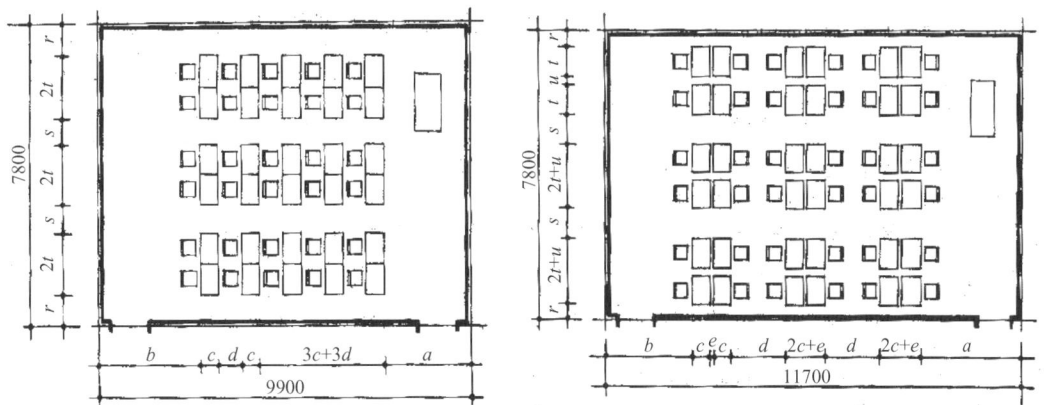

图 5.12　书法工作室的平面布置及相关尺寸

书法工作室应有较好的采光及照明,采光的玻地比不能低于 1∶6,照明的标准一般应为 150~300lx(桌面上照度)。书法工作室的朝向为南向或北向均可,但需避免阳光的直接照射,因此应设窗帘以遮挡直射阳光。

(6)摄影工作室

摄影工作室是文化宫、艺术馆、文化馆、青少年宫均应设置的一个专业场所。其作用除对基层干部及广大群众进行专业培训、辅导外,还可用作馆内的宣传,以及业余摄影爱好者进行专题摄影或结合某一活动、某一节日开展摄影创作比赛、观摩、研讨等活动的场所。摄影工作室的一组房间,除进行日常工作如组织、研究、展出前的评选等准备活动的工作室外,还应设置摄影工作办公室、摄影暗室、后期加工室等。各室应相邻布置。

① 摄影工作办公室。本室应设置水池、挂镜线、窗帘盒及遮光窗帘、电源插座等,当用房紧张时,此室可兼作后期加工室(即后期加工所需的设施与条件,本室均应设置)。本室应与摄影暗室紧密相邻,并设门与之相通。

② 摄影暗室。当兼作实习学员进行实习操作的工作房间时,摄影暗室应分设若干小间供数人同时使用。一般可沿室内周边设置工作小间,此工作小间均应有可供独立印放的工作场所,各小间均有较好的遮光设施,以防止在实际印放过程中由于泄光造成感光材料的失效或印放质量的下降。室中部设冲洗工作台,可进行显影、定影等工作。摄影暗室可按照图 5.13 所示的几种形式布置。

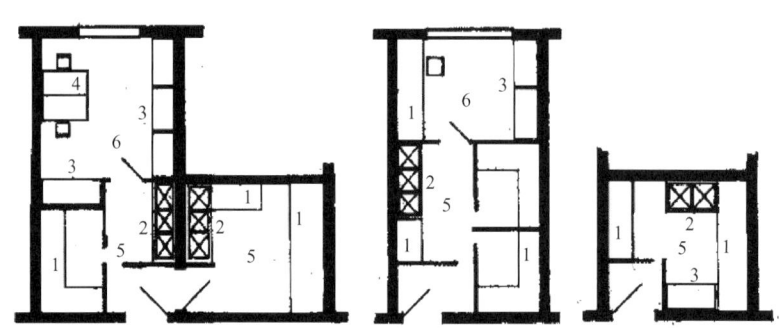

1—工作台;2—冲洗水池;3—橱柜;4—办公桌;5—印放冲洗间;6—明室工作间

图 5.13 摄影暗室布置形式

③ 后期加工室。本室主要供后期加工使用,室内设施是根据后期加工所需进行的工作而设置的。应设漂洗水池及烘干、剪边、装裱等设施。除需设置橱柜外,还应有烘干工作台以便放置上光器。有时本室还需进行一些前期工作如翻摄,故室内仍应有窗帘盒、遮光窗帘、配电盘等,其他尚需设存储柜等。

④ 彩色照片扩印室。如有条件开办彩色照片扩印室,应按扩印机的工作环境及要求进行

扩印室的设计，此外尚应设置配制药液间（可利用后期加工室）、对外营业服务柜台。彩色照片扩印室宜设于临街、直接面向群众的场所。

⑤ 黑白照片加工室。黑白照片加工室在朝向上以北向为佳，各室均应设置玻璃采光窗、防止蚊虫进入的纱窗及遮光窗或遮光窗帘。一般应在非工作时间开窗进行通风换气，以排除室内污浊空气及化学药品的气味。

以上房间的位置还要考虑给水、排水方便和无灰尘污染。

（7）广播站（播音录音室）

广播站（播音录音室）应包含播音、录音、编辑用房及机房等。

录音室（包括演播室）的位置，设置在活动用房内时，宜布置在顶层或独立空间内，易于创造安静的录音环境；如将其设置在某层的端部，应以隔声措施与其他用房分隔，使其成为一个独立区域。录音室的布置形式如图 5.14 所示，应尽可能采用不平行的墙面，避免设计成窄长及正方形墙面的空间，以利于创造良好的音质条件。

录音室高、宽、长三者的比例以 1 :（7/3）:（8/3）为佳。设计时应尽量满足或接近这个比例，并应防止出现任一边的尺寸为另一边的整倍数的情况，否则将使室内音质畸变，影响录音效果。

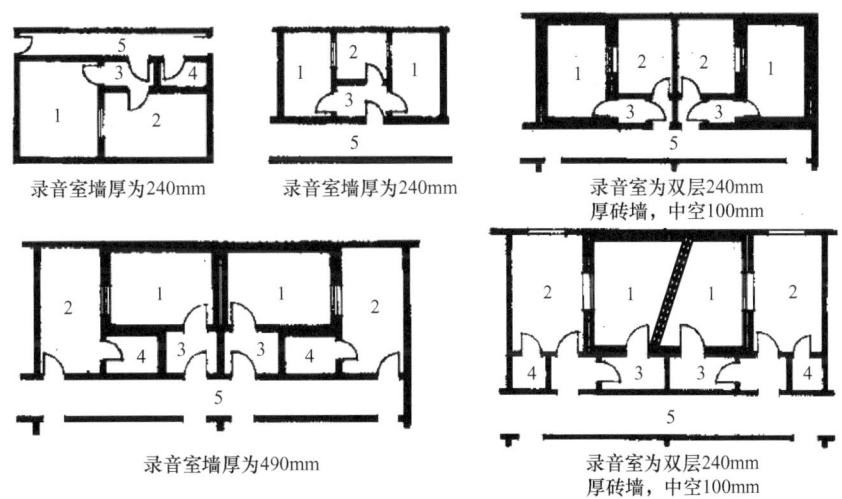

1—录音室；2—控制室；3—声闸；4—库房；5—走廊

图 5.14 录音室的布置形式

5.3.4 其他设计

1. 交通疏散与流线分析

由于文化休闲建筑的各活动用房开展活动的方式不同，参与活动的人员流动方式也极不相同，因此流线呈现出集中或分散、有序或无序、平行或交叉等特点。在进行建筑设计时，应进行交通疏散与流线分析。

（1）门厅设计

门厅是建筑公用空间系统中最重要的部位，它是连接室内外活动的过渡空间，也是通向室内各功能分区的交通枢纽，因而门厅应设计在建筑中心部位，以获得短捷的室内活动流线。

由于文化休闲建筑内的活动内容繁杂，人流往返频繁，门厅中交通流线的合理组织更显重要，应避免集中疏散人流通过主要入口门厅。

门厅内宜设置各种必要的服务设施，如宣传布告栏、服务台、小卖部、公用通信设施和楼内交通指示牌等。在北方寒冷地区还应设置衣帽存放空间。图 5.15 为弗兰克·盖里设计的德国 EMR 通信和技术中心，其门厅实质上兼有多种功能。

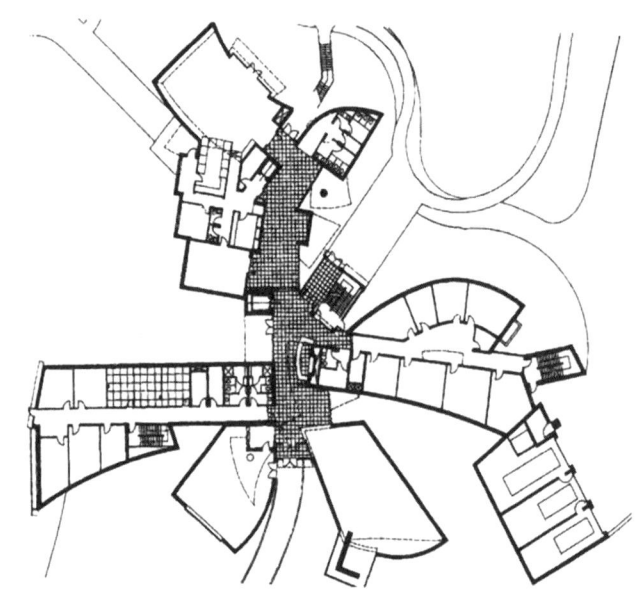

图 5.15　德国 EMR 通信和技术中心

（2）各活动用房的疏散

多功能厅的人流既是大量集中的，又是定时定向有序流动的，因此应以最短的流线疏散。应将多功能厅置于紧邻门厅或入口大厅的部位，且应单独设置门厅及直接对外的出入口，同时应尽可能减少对安静区域的干扰。其他活动用房的人流多呈分散又无序的特点，为便于人们自由选择使用房间，应组织最为灵活且直接的流线。其流线组织可采用中心辐射形的组织方式，如由中心交通大厅直接通达各活动用房。

（3）走廊设计

走廊是建筑内的水平交通走道，其形式分内廊、外廊。内廊又可分为单面布置房间的侧廊和双面布置房间的中廊。走廊的宽度取决于人流股数和门的开启方向。文化休闲建筑房间门一般开向疏散方向，以便于疏散，并考虑为残疾人、老年人、儿童来馆参与活动提供方便。凸向走廊的墙垛、柱子、设备等，都会影响走廊的有效宽度，特别是会给残疾人带来诸多不便。

在人员众多的楼梯或集合室出入口附近的走廊，人流拥挤混杂，应适当扩展空间，使其有回旋余地。兼作宣传廊、展廊的走廊，还应根据实际需要加宽。

群众活动部分的走廊，因考虑残疾人坐轮椅通行，在走廊上的高低变化处不得设台阶，而应做坡道。

（4）垂直交通分析

主要楼梯和无障碍电梯应设于门厅内或附近，便于通达，如图 5.16 所示。

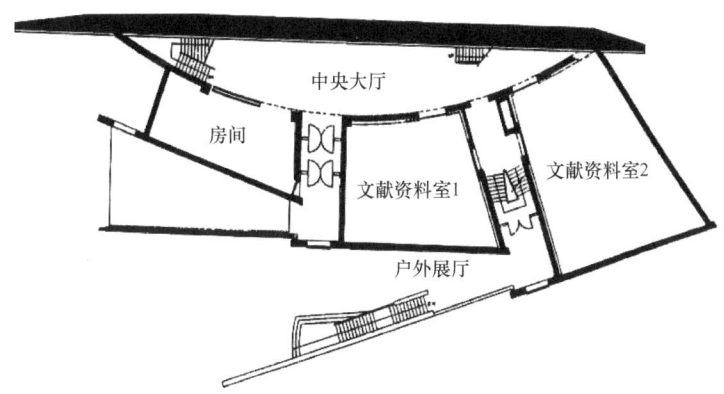

图 5.16　某博物馆的楼梯设置

楼梯的布置位置应适中或明显突出，要求路线方便通畅，可迅速地集散人流。楼梯间宜天然采光，以起到对人流的导向作用。通常楼梯应设置在门厅、休息厅、过厅或走廊。直接联系主要入口的楼梯为主楼梯，其他为次楼梯。楼梯是楼层各房间的安全出口，其布置应考虑楼层各房间的疏散，其疏散距离应满足规范要求。

布置有剧场、礼堂、电影院等场所的建筑，其楼梯的总疏散宽度应按《建筑防火通用规范》（GB 55037—2022）的规定计算。

文化休闲建筑为人流密集的场所，室外台阶高度超过 1m 时，宜有护栏设施。但供挂杖者及视力残疾人使用的台阶，如超过三级，在台阶两侧就应设扶手。台阶和扶手设计均应符合楼梯的有关要求。

2. 无障碍设计

为规范建设无障碍设施，住房和城乡建设部下发了《建筑与市政工程无障碍通用规范》（GB 55019—2021），按照此规范规定，公共建筑应实施无障碍设计。我国公共建筑的无障碍设施主要设置在建筑入口、水平通道、垂直交通、洗手间、浴室、服务台、公用电话、客房、观众席、停车位、室外通路、轮椅标志等处。无障碍设施从建筑入口到室内应保持相应的连贯性和完整性，使行动不便者能顺利到达、进入和使用。

3. 防火设计

文化休闲建筑防火设计应符合《建筑防火通用规范》的相关要求。

5.3.5 建筑的形体要素处理

建筑造型设计是以视觉形象体现主客观审美要求的过程。在实际设计过程中，建筑造型的设计往往是与建筑内部功能组织和空间布局交互进行的。

首先，在进行功能分区的同时，可将建筑空间归纳为若干个功能（体）块，作为造型设计的基本空间素材。对于拟建的建筑来说，其功能（体）块的组成和规模大小是由设计任务决定的不变因素，但是其布局、形状和造型处理却可完全不同。

其次，建筑造型设计在满足内部功能和技术要求的前提下，可以采取多方案的选择与比较。从功能分区时功能（体）块的形体选择，到空间布局中结合造型意匠对形体关系的调整，都可以进行多种造型设计。

最后，完善形体的功能和在审美意义上对造型进一步加工，这就是形体要素在建筑造型设计中逐步演进的完整过程，如图5.17所示。

图5.17　建筑的形体要素处理过程

一般外形简单、规则或几何关系明确的建筑形体，在工程实践中最常使用。特别是由两种、三种或多种基本几何形体构成的复合形体，其具有明确的几何关系和多姿、多变的组合造型，可以充分表达建筑使用功能的内涵，而且在视觉效果上也具有较强的表现力，因而在文化休闲建筑造型中也较多采用，以充分展现引人注目的场所特征和建筑个性（图5.18、图5.19）。

建筑个性

图5.18　贵州省桐梓县官仓村村民活动中心

图 5.19　广东省紫金县发昌村文化活动中心

5.4 拓展学习

1. 杭州市桐庐县蟹坑口村乡宿文创综合体
2. 杭州市东梓关村村民活动中心
3. 学生作品展示（含竞赛获奖作品和 AI 辅助生成作品）

杭州市桐庐县蟹坑口村乡宿文创综合体

杭州市东梓关村村民活动中心

学生作品展示

模块小结

本模块主要根据项目任务的要求，对文化休闲建筑的设计要点和相应的规范标准进行详细的阐述，力求使学生能够运用文化休闲建筑的相关设计知识，对文化休闲建筑的基地条件、各种交通流线、建筑功能等进行合理分析，能够根据功能和美观要求处理平面布局及空间组合的细节，独立完成乡村活动中心的方案构思和表达。

模块 6

酒店建筑设计

教学目标

通过本模块的学习,学生应了解酒店建筑设计的设计特点、设计方法及相关规范,理解酒店的功能分区(客房空间、公共空间、后勤服务空间等)及其流线设计原则,具备将地域文化、历史元素融入设计,体现酒店独特形象与场所精神的能力。

教学要求

能力目标	知识要点	权重
能够掌握酒店建筑的相关规范	《旅馆建筑设计规范》(JGJ 62—2014)、《宿舍、旅馆建筑项目规范》(GB 55025—2022)	10%
能够运用酒店建筑的设计方法,进行方案的构思、比较及选择	酒店建筑的设计要点	60%
具备联系实际、调查研究的能力,有能力运用各种科学方法收集资料,进行调查研究	优秀酒店建筑的调研分析	10%
具备精确绘制酒店建筑设计方案不同阶段图纸的表达能力	平面图、立面图、剖面图、建筑模型、效果图、分析图的绘制,造型设计等	20%

相关规范标准

6.1 任务提出：乡村民宿酒店设计

1. 设计任务

为深入贯彻国家乡村振兴战略及美丽乡村建设部署，积极响应浙江省未来乡村建设行动，依托文旅资源优势，温州市文成县拟打造特色民宿集群项目。该项目选址于西坑畲族镇塘垟村自然风景区，旨在打造一家集住宿、餐饮、休闲于一体的高品质乡村民宿酒店，为游客提供一个舒适、宁静的度假环境。通过"乡旅＋民宿"融合发展模式，增强乡村经济活力。

2. 设计内容

乡村民宿酒店建筑空间组成及建筑面积见表6.1。

表6.1 乡村民宿酒店建筑空间组成及建筑面积

空间名称	间（套）数	建筑面积/m²	备注
接待厅	1	150	布置总台、行李暂存处、休息等候处等
茶室	1	100	
厨房及餐厅	1	200	
书吧	1	70	也可兼作多功能厅
卫生间	1	40	分男卫生间和女卫生间
办公室	2	20	
家庭套房	4	60	二室一厅一卫
主题客房	6	35	大床房，主题自定
标准客房	6	30	双床房
交通空间			自定
庭院			自定
总面积		1500	±10%

3. 设计要求

① 本项目总用地面积2142m²，场地现状平坦，呈南北向缓坡地形，整体地势北低南高，既有利于自然排水，又为景观视野营造提供先天优势。建议规划建设2～3层退台式民宿，形成错落有致的观景露台系统，确保所有客房均能获得270°环景视野。

② 通过下沉庭院、镜面水景与垂直绿化的组合，打造特色院落空间，实现"移步异景"的沉浸式体验，营造浪漫的居住氛围。

③ 配置10个标准车位（3m×6m），采用植草砖铺装与乔木遮阴组合，预留2个新能源车充电桩接口。

④ 通过多层次退台将建筑融于自然，营造"晨起可观林上日出，夜宿可闻溪声入眠"的诗意栖居体验。

⑤ 建筑体量严格控制在 15m 高度内，确保建筑与自然环境和谐共生。

4. 地形及技术条件

本项目用地范围呈不规则状，项目建设基地平面图如图 6.1 所示。

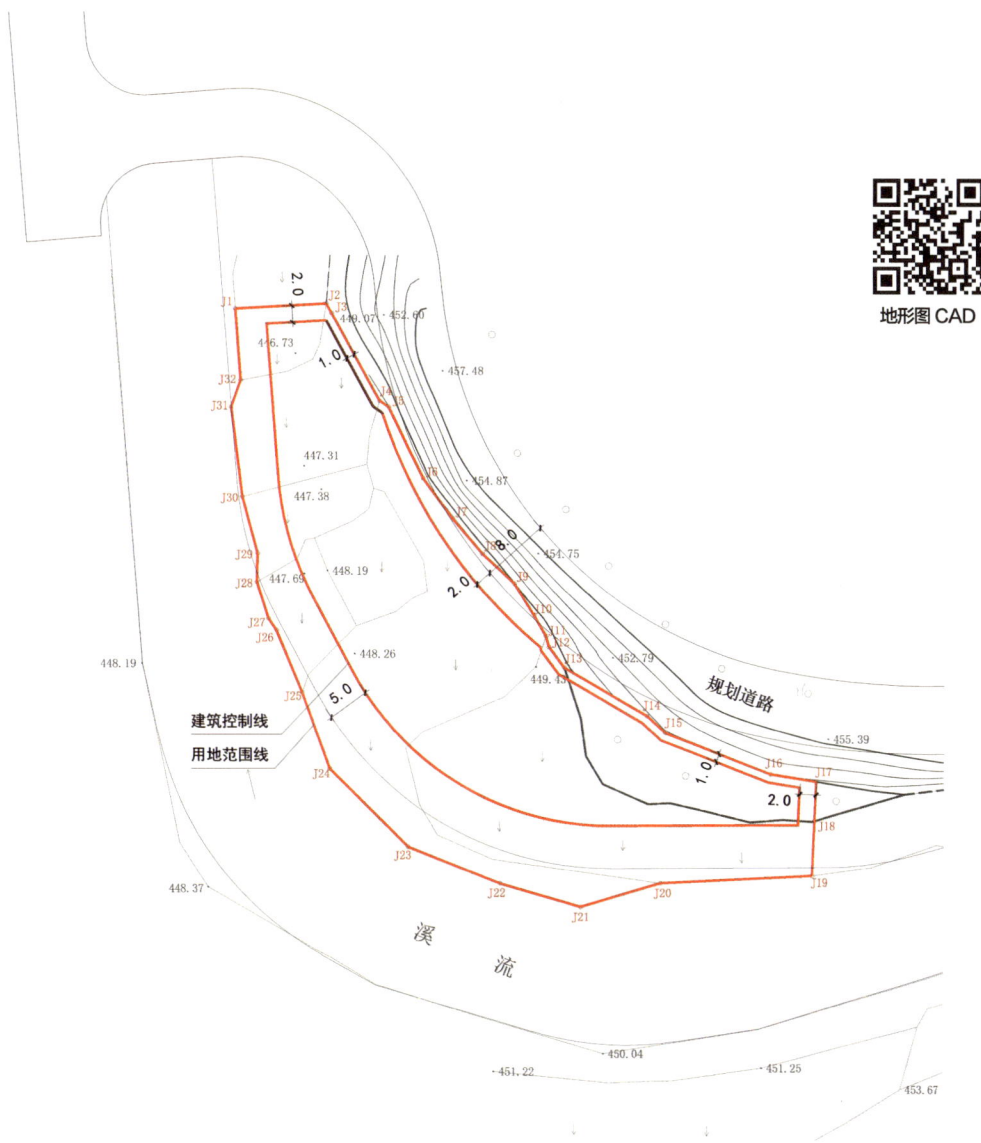

图 6.1 项目建设基地平面图

6.2 任务目标：图纸成果要求

① 总平面图：比例为 1∶500。
② 各层平面图：比例为 1∶200。
③ 典型客房平面详图（标明家具位置、轴线尺寸、面积）。
④ 立面图：比例为 1∶200，2 幅。
⑤ 建筑透视图：1～2 幅。
⑥ 基地鸟瞰图：1 幅。
⑦ 典型客房室内效果图。
⑧ 分析图（可以表达自己设计思想的其他图纸）若干。
⑨ 技术经济指标（包括建筑面积、容积率、绿化建筑密度等）与设计说明。

6.3 任务实施：设计要点分析

6.3.1 酒店等级、规模与类型

酒店是按日或者小时计价收费，向社会公众提供住宿、餐饮、会议、健身和娱乐等全部或部分服务的公共建筑，通常由客房部分、公共部分、辅助部分组成。酒店也称为旅馆、饭店、宾馆、度假村。民宿与酒店也没有本质上的区别。在国家标准分类上，民宿与酒店都属于旅馆类行业，但民宿更多是利用闲置的住宅资源，提供更为个性化和家庭化的住宿体验。

尽管本设计任务已经明确了各部分空间和面积指标，但我们仍然可以从中去理解设置这些指标的原因，理解这些空间和面积构成的合理性和必要性。将来在实际的项目设计中，关于这些空间的设置和面积构成，需要同业主进行深入的沟通，充分了解其预设的服务和经营理念，从而在符合业主经营理念的基础上，根据对市场的调查和对酒店业界的了解，对业主提出更合理的设计建议。

只有在明确了酒店设计的宏观指导思想的前提下，才能够进行更为深入的建筑设计。比如不同类型、不同等级的酒店，其客房面积占全部建筑面积的比例就不一样，豪华型酒店的客房面积可能只占总面积的一半，而经济型酒店的客房面积可能占总面积的 85%。只有把握了酒店的等级、规模和类型这些宏观指标，才可能设计出满足要求的建筑方案。

1. 酒店的等级

《旅馆建筑设计规范》侧重于从建筑设计、消防设计、给排水设计、空调通风设计及电气设计的相关要求上，将旅馆建筑由低至高划分为一级、二级、三级、四级、五级共 5 个建筑等级。

《旅游饭店星级的划分与评定》（GB/T 14308—2023）是从管理、服务、建筑与设施硬件等全方位提出旅游饭店的星级标准，将旅游饭店星级分为 5 个级别，即一星级、二星级、三星级、四星级、五星级。最低为一星级，最高为五星级。星级越高，表示旅游饭店的等级越高。

《旅游民宿基本要求与等级划分》（GB/T 41648—2022）将旅游民宿等级分为 3 个级别，由低到高为丙级、乙级和甲级，分别与原等级划分中的三星级、四星级和五星级相对应。

2. 豪华型酒店与经济型酒店的典型比较

（1）豪华型酒店

豪华型酒店一般指五星级或四星级酒店。按照《旅游饭店星级的划分与评定》，除对酒店建筑与装饰等硬件设施提出明确标准外，还需要对管理、服务等软环境提出标准，以及对附属服务设施如餐厅、宴会厅、康乐设施、商务服务设施、后勤管理设施等提出标准。豪华型酒店建筑可为高层、多层甚至别墅群等，其建筑硬件设施常常包含以下几方面的内容。

① 宽敞丰富的大厅和商务空间。如深圳马哥孛罗好日子酒店包含宴会厅及 30 个多功能会议室（演播厅），可容纳 3000 多人。此外，深圳马哥孛罗好日子酒店还拥有顶级的欧式、日式及潮式风味美食，酒店特设高级的大堂雅座，提供雪茄和上等佳酿的华尔街会所，以及俯瞰泳池的加州吧、马哥孛罗咖啡厅等。

② 门类齐全的康乐设施。如深圳马哥孛罗好日子酒店拥有 SPA 馆、桑拿馆、台球馆、保龄球馆和室内恒温游泳池等。

③ 设备完善、配备齐全、环境安静的大客房，有宽敞的储存空间。

④ 高水平的细部、优质的材料和精美的装饰。

⑤ 较大的后台区域，以提供高水平的客户服务。后台区域包含行政办公、内部会议、员工餐饮与休息空间等，餐饮厨房、仓储、冷库及其管理办公空间等，洗衣房、分类储藏室等，各类机械设备空间及其备用仓储和维修空间等，还包含后台交通与卫生空间。

（2）经济型酒店

经济型酒店一般指三星级或二星级酒店。经济型酒店侧重的核心功能是住宿的舒适与安全，在建筑硬件上与豪华型酒店的主要区别在于减少公共空间面积与奢华感、适度减小客房面积、减少甚至取消康乐空间、减少宴会厅数量与规模、大幅度减少内部管理用房和设备用房。随着中国经济的高速发展，国内商旅和度假旅游规模的扩大，该类型酒店成为近年来发展速度最快的酒店，诸多连锁酒店都是该类型的楷模。

经济型酒店建筑硬件的共同特点有以下几个方面。

① 交通方便，但非最繁华地区核心的临街位置。

② 客房舒适、卫生、安全，客房面积占酒店建筑的绝大部分面积。

③ 大堂、票务、商店面积共 100～200m²，装修精致但不追求豪华。

④ 餐厅一般为一至两个，为早、中、晚餐服务，面积一般在 200～300m²。

⑤ 其他服务设施如停车、洗衣仅满足最基本要求。

⑥ 一般设置较小规模的会议室。

⑦ 一般不包含康乐设施。

特别提示

民宿酒店是一种结合民宿个性化体验与酒店标准化服务的住宿业态，旨在通过在地文化、特色空间与精细化运营，满足消费者对差异化旅居体验的需求。设计方面注意地域特色，如依托自然景观、历史街区或乡村环境，融入本地生活元素（如手工艺、饮食、节庆）等。民宿酒店通常规模较小，客房数量为 10～30 间，强调私密性与专属感，配置一般介于豪华型酒店和经济型酒店之间。

6.3.2 酒店的空间组成与总平面设计

1. 酒店的功能分区

在 6.3.1 节中我们已经粗略了解了不同等级、不同经营方式、不同性质的酒店，其建筑的组成部分相差甚大，但大体包含以下五个功能分区（低等级酒店可能不含或弱化部分功能）。

① 客房空间。客房空间是酒店建筑的核心功能空间，包含客房、卫生间、分层管理用房和相应交通空间。

五星级酒店设计

② 公共空间。公共空间包含门厅、总服务台、休息大厅、商务服务空间、商店、咖啡厅、茶室或会客厅等。

③ 餐饮空间。餐饮空间包含多种餐厅、宴会厅、相应厨房及附属用房等。

④ 康乐空间。康乐空间包含健身房、保龄球馆、台球室、游泳池、水疗室、桑拿房、按摩房、KTV 等及相应设备与管理空间。

⑤ 内部空间。内部空间包含行政办公与员工生活空间、后勤服务空间。

图 6.2 从宏观上指明了五大功能分区之间的关系。图 6.3 较详细地分析了功能齐全的酒店各功能分区之间的关系，注意客人体验区域与内部空间之间的关系。

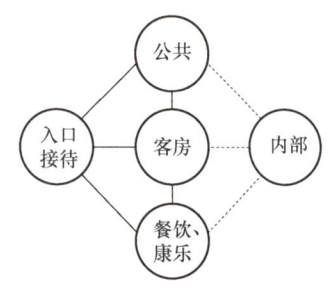
图 6.2 功能分区概况

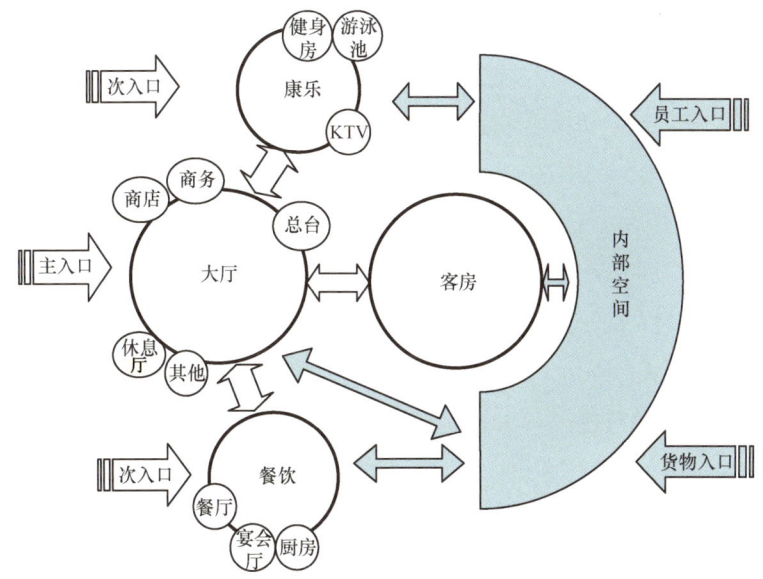

图 6.3　酒店功能分区图（流线图）

2. 酒店的总平面设计要素

酒店总平面设计既与酒店所在地理位置的周边环境相关，又与酒店自身的设计经营定位等相关。在进行总平面设计时，需要从宏观上对酒店项目进行全面考量，具体需要分析以下相关要素。

（1）城市规划相关要素

城市规划相关要素包括城市功能区划、周边道路、市政设施、风景与环境、项目基地内的地形地貌和地质情况等，具体需要考虑如下问题。

① 周边道路何处可作为酒店的出入口？

② 酒店若位于城市道路十字路口，出入口需要远离十字路口多远？

③ 建筑应退让建设用地红线多远？建筑高度是否有限制？酒店建筑与周边建筑需要考虑多远的消防和日照退让间距？

④ 建筑密度和容积率指标为多少？

⑤ 周边噪声源等不利因素如何控制？

⑥ 周边景观的借用与回避问题。

⑦ 场地内是否有制约建筑布置的河道、水面等？是否有高压走廊等？

（2）酒店规模和经营定位要素

① 高等级酒店需要与之相适应的餐饮空间，该部分既需要满足酒店住宿客人的需求，又需要满足外部客人的需求，因此餐饮空间一般需要对外独立的门厅与出入口。本项目是否需要考虑此问题？对策如何？

② 酒店的餐厅、宴会厅需要与之相适应的厨房、操作间、冷库、厨师及员工休息室等，

如何保证内部空间和对外服务区域的分隔和使用方便？员工出入口和原料卸货场如何设置？

③ 酒店是否设置园林或庭院？园林风格和规模影响总平面布局的设计。

④ 酒店是否设置户外运动场地如露天游泳池、网球场等？

⑤ 酒店需要设置多少停车位？

⑥ 酒店是否考虑接待大型旅游或会议团队？为此是否需要设置单独入口？是否需要设置足够的露天大巴停车空间？

⑦ 酒店的总体布置方式是分散式布局、集中式布局，还是分散与集中相结合的布局方式？这对总平面设计影响很大。

3. 酒店的总平面布局方式

（1）分散式布局

总平面以分散式布局的酒店，基地面积大，客房空间、公共空间、内部空间等不同功能的建筑可按功能分区分别建造，且多数为低层，因而建造工期短，投资经济，如桂林乐贝度假民宿（图6.4）。其各幢客房楼可按不同等级采取不同标准，有广泛的适应性。

图6.4　桂林乐贝度假民宿

（2）庭院式布局

市郊、风景区酒店总体布局常采用庭院式布局。客房空间、公共空间、餐饮空间、内部空间等设计相对集中，并在水平方向连接，按功能关系、景观方向、出入口与交通组织、体型塑造等因素有机结合，庭院穿插其中。用地较分散式紧凑，便于集零为整。各类用房可按不同的结构体系、跨度、层高设计，借鉴当地传统建筑进行新的造型创作，采光通风条件良好，便于分别施工。客房楼多数为低层或多层，客房与公共空间有良好景观与自然环境，如上海紫竹万怡酒店（图6.5）。

图6.5 上海紫竹万怡酒店

（3）集中式布局

集中式布局通常指的是酒店的主要功能区域（如客房、餐厅、大堂等）集中在一个核心区域，方便客人使用和管理。集中式布局分为水平集中布局和竖向集中布局。集中式布局可以提高空间利用效率，优化服务流程，如澳大利亚RACV度假酒店（图6.6）。

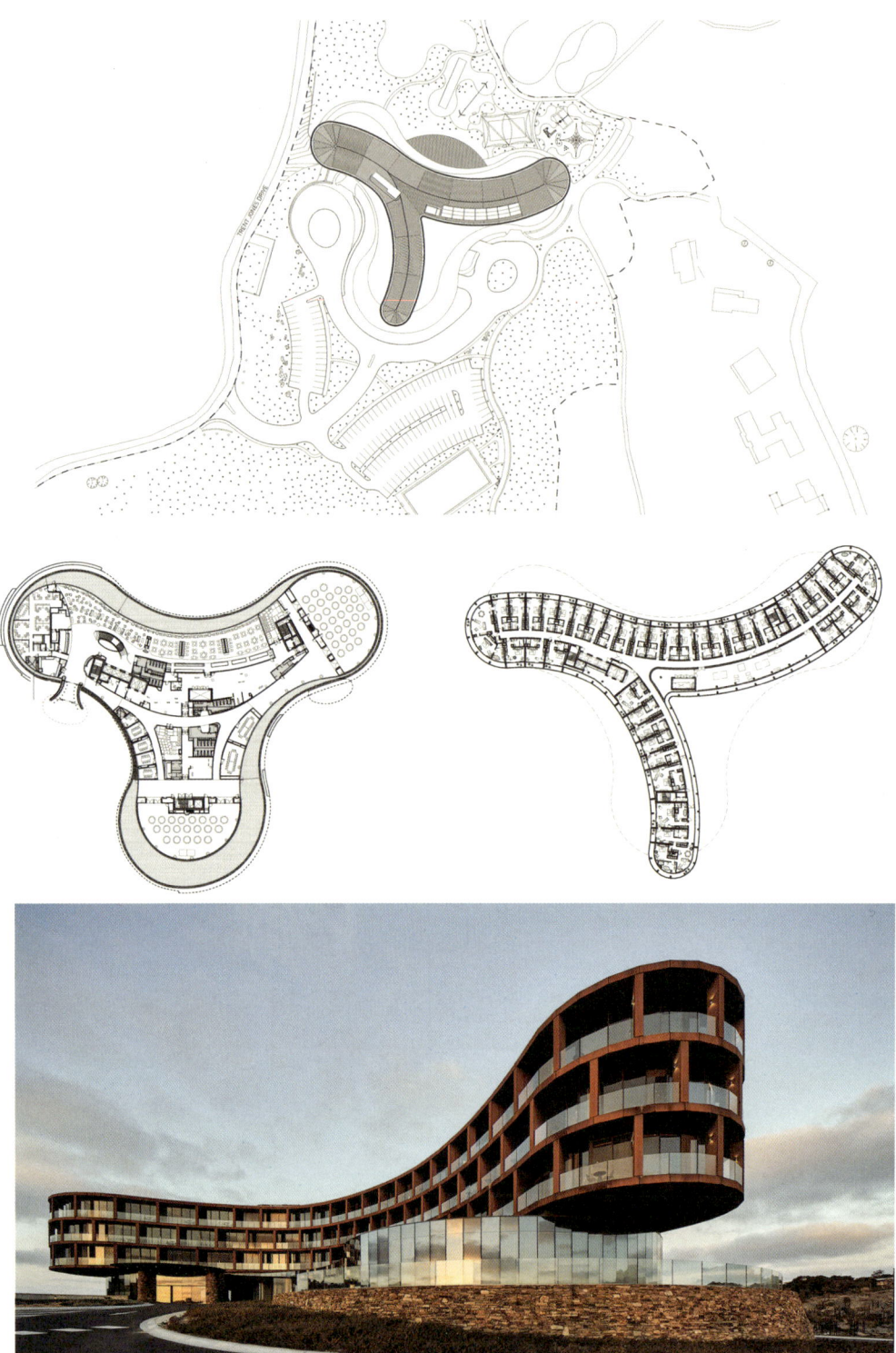

图 6.6 澳大利亚 RACV 度假酒店

（4）混合式布局

混合式布局一般在公共空间、餐饮空间、康乐空间采用集中式布局，注重通透性和视觉连续性，便于人流聚集和互动；客房空间围绕景观、庭院或走廊，采用分散式、庭院式或线式布局，确保客房具有良好的景观视野和私密性，如宁夏中卫沙漠钻石酒店（图6.7）。

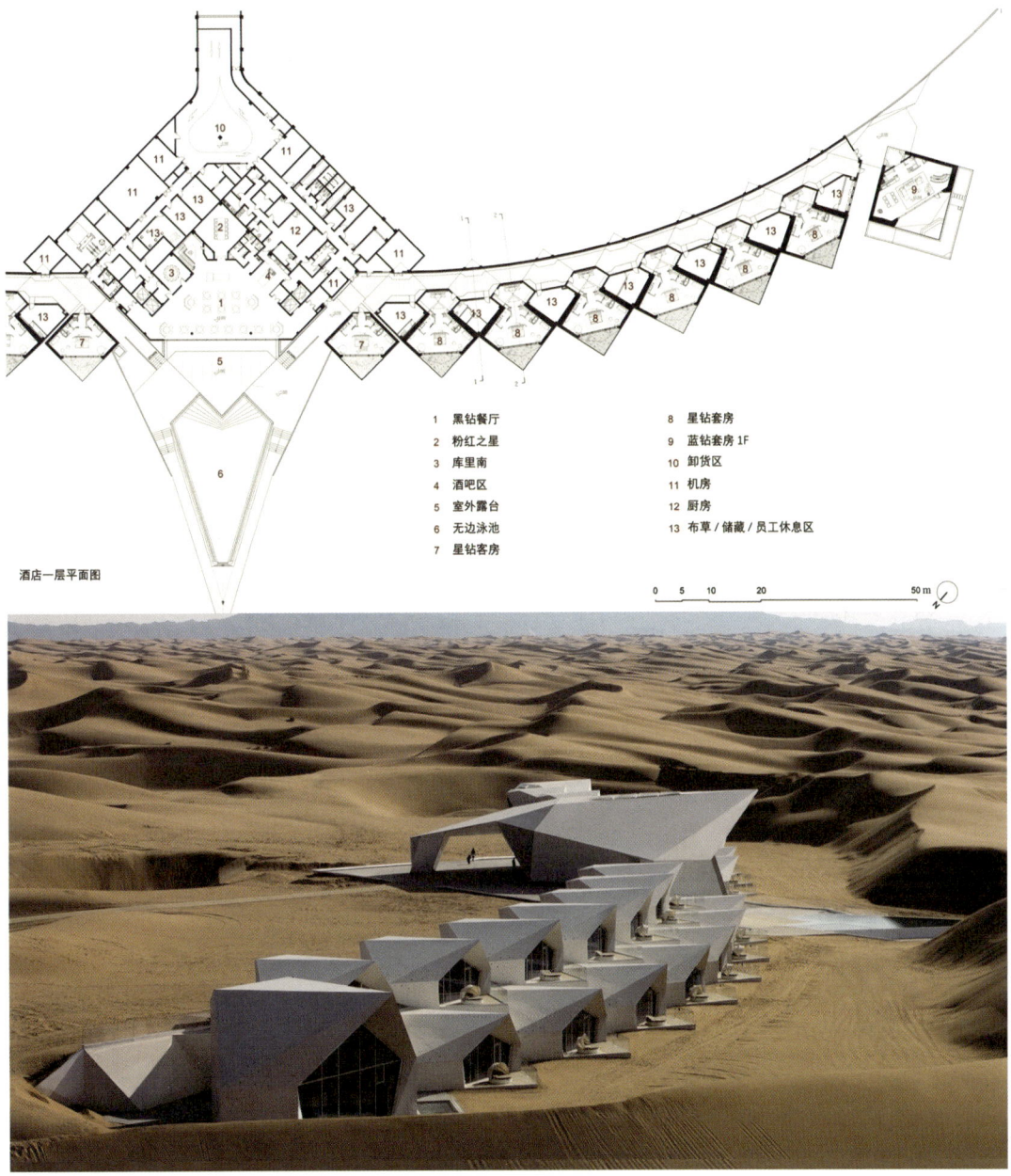

图6.7　宁夏中卫沙漠钻石酒店

4. 酒店的总平面设计要点

（1）满足城市规划条件和城市设计的要求

城市整体规划和《建设用地规划许可证》是具有法律意义的设计前提，具体指明了建设用地红线、建筑退让间距指标、建筑密度、容积率、绿地率、建筑高度、基地出入口位置等。

（2）争取良好景观，创造新基地景观，提高环境质量

无论哪种酒店，其总体设计均需要争取对原有优美景观的充分利用，同时又需要使新建酒店建筑或建筑群成为新的景观，尽量减少对景区景观的破坏，使其达到与风景交融的效果。

（3）区分客人出入口和内部出入口，合理组织交通，人车分流

① 建筑出入口。

需要严格区分客人出入口和内部员工出入口，尤其需要严格控制后勤物品出入口对客人体验区域的影响。在多功能综合性酒店建筑中，住宿占其中部分楼层，为使各种功能活动各得其所、相得益彰，酒店住宿部分需有单独出入口，并有设施可将客人迅速送达接待大厅。

a. 旅客出入口。旅客出入口为酒店建筑最主要的出入口，宜设在主要道路旁和建筑中最突出、明显的位置，以方便乘车到达及步行到达的旅客进出。需设车道与停车位，一般酒店车道至少宽5.5m，以便两辆小客车通行，车道上部净空一般应大于4m，以保证大客车通过。当室内外高差大时，除台阶外，还应设置行李搬运坡道。

现代酒店也应为残疾人提供服务，应进行无障碍设计，轮椅坡道的坡度一般为1∶12，最大坡度为1∶10，坡道的有效宽度应大于1.35m。

b. 宴会或康乐客人出入口。大中型城市酒店常设此出入口，方便酒店向社会提供宴会或康乐等服务，同时大量非住宿客人人流不致影响住宿客人的活动。

c. 团队旅客出入口。大型酒店常设此出入口，便于及时疏导集中的人流，减轻其他旅客出入口的人流压力。

d. 员工出入口。员工出入口应位于内部空间的隐蔽位置，以免客人误入，由于其使用时间较集中，有的小型酒店将员工出入口与物品出入口合并使用。

e. 物品出入口。应靠近服务流线中仓库与厨房部分，远离客人活动区以免干扰客人。一般酒店需考虑货车停靠、出入及卸货平台。大型酒店需考虑食品冷藏车的出入，并应注意将食品与其他物品的平台与出入口分开，以利于清污分流。另外，还应分设垃圾、废弃物出口，其应位于下风向，与食品、物品出入口和平台分开。

对于大型高等级酒店，组织上述多个出入口时需要考虑避免车流与人流混杂，内部员工与客人人流及车流的区分，住宿客人与宴会和康乐类非住宿客人人流的区分。

② 基地出入口。

酒店基地与外部市政道路的关系亦需要满足城市道路的有关要求，同时满足内部交流布局。如大型酒店基地可以向城市道路设置 1～2 个出入口，即主要出入口和后勤出入口，但出入口均不得直接连接快速道或主干道，而应连接次要道路或辅道。另外，基地车辆出入口不应直接开向城市道路交叉口，而应距交叉口不少于 70m 间距。步行出入口可以面对交叉口，但不宜直接面对交通繁忙的交叉口。

③ 地面停车位。

合理布置地面停车位，按需设计地下或楼内停车位。对于大型酒店，还需要考虑在建筑出入口处临时停靠的大型旅游车，并设置足够空间的地面停车场。

（4）满足消防设计要求

安全保证是各类建筑的最基本要求，而酒店建筑火灾危害的易发性和危险性更大，满足消防设计要求是酒店建筑设计的必要条件。在总平面设计中，常见以下消防设计要求。

① 需设置为扑救每栋建筑火灾的消防车道及相应回车场地。消防车道的净宽度和净高不应小于 4m，最小转弯半径根据各地消防车辆配置的不同也有严格要求，一般为 12m。消防车道不应被水渠或景观拱桥阻断。

② 建筑的周围应设环形消防车道。当设环形消防车道有困难时，可沿建筑的两个长边设置消防车道。当建筑的沿街长度超过 150m 或总长度超过 220m 时，应在适中位置设置穿过建筑的消防车道。高层建筑应设有连通街道和内院的人行通道，通道之间的距离不宜超过 80m。

③ 若不能设置环形消防车道，需要设置尽头式消防车回车场地，高层建筑一般不小于 15m×15m。大型消防车的回车场地不宜小于 18m×18m。

④ 建筑的内院或天井，当其短边长度超过 24m 时，宜设有进入内院或天井的消防车道。

⑤ 高层建筑需设置一个长边或 1/4 周长的消防扑救面，因此需要考虑裙房、雨篷、走廊等设置对扑救面的影响。

（5）根据容积率确定总平面布局

在总平面方案设计阶段，就需要确定方案的设计路线，根据容积率可以确定酒店各功能分区是集中式布置、分散式布置，还是集中与分散相结合的方式布置。

6.3.3 酒店的功能流线设计

酒店的流线包括客人流线、服务流线和物品流线，如图 6.3 所示。

客人流线是指客人在酒店的活动路线，包括客人在大堂、客房、餐厅、康乐等各功能分区之间的行走路线。

服务流线是酒店员工进行服务、督查、加工等经营活动的路线，如员工进入酒店各岗位，以及进行餐厅服务、洗衣操作、厨房加工等的流动路径。酒店的服务是按照一定的程序进行的，以提高服务质量和工作效率。因此服务流线的设计应与服务流程协调一致，并保证流线的畅通、不重复、不交叉。

物品流线是指酒店各部门使用物品的进出路线及排放废弃物的路线，如客房布草的进出、厨房原材料的进入及垃圾的清除等。

1. 客人流线

酒店中主要的流线为客人流线。由于酒店接待的客人类型较多，包括住宿客人、到店餐饮和娱乐消费的本地客人、会议客人及来店的访客等。在住宿客人中又分团队客人和散客。不同客人在酒店里进行不同活动就会有不同的流线，这些流线的汇集点基本在酒店的入口大厅，然后向不同的功能分区分流，如图6.8所示。

（1）散客在酒店的流线

散客由酒店大门进入大堂，直接到总服务台登记入住，然后乘电梯抵达入住的房间。入住后，可能去餐饮、娱乐等区域消费。住店期满后，直接到总服务台结账离店。

（2）团队客人在酒店的流线

团队客人集体进入酒店，由领队办理入住登记，然后乘电梯直达入住房间。住店后，可能自由活动、集体聚餐，也可能团队集体外出活动等。住店期满后，集体由领队办理结账。在领队办理入住登记或结账离店时，需要为团队客人提供足够的休息等候空间，以免大量客人拥堵在酒店入口或总服务台前。

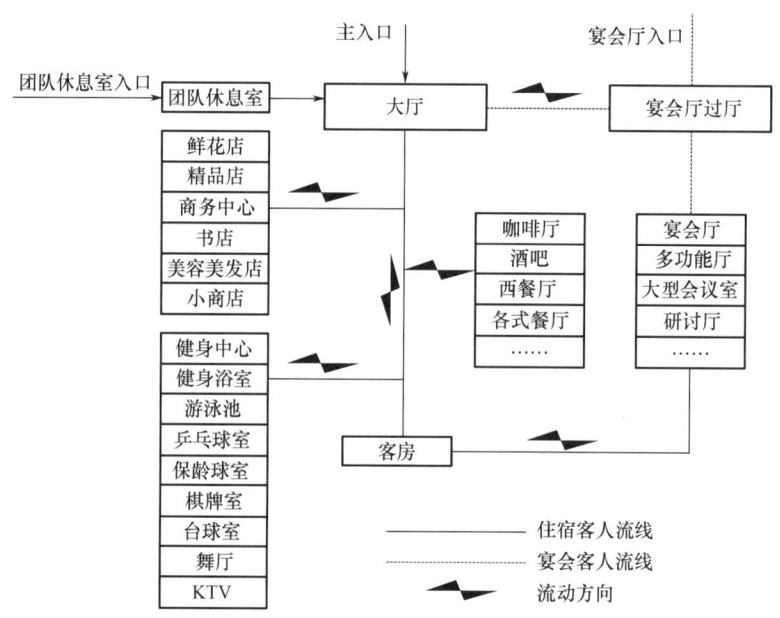

图6.8 大中型酒店的客人流线

（3）本地客人在酒店的流线

本地客人在酒店消费的主要目标是餐饮和娱乐，进入酒店后一般直接到达各个餐厅和娱乐场所，消费完后可直接离去。

（4）访客在酒店的流线

这些客人的主要目的是访问住宿客人，进入酒店后，到大堂副理处或总服务台询问，然后到客房拜访住宿客人，或在大堂酒吧、咖啡厅会见住宿客人。

客人流线的设计原则：客人流线是主导流线，因此不要受其他流线的干扰；对于大流量的团队客人、餐饮宴会区的非住宿客人等，还应该设计专门的流线；通过功能空间的合理分隔和导向，结合心理暗示处理，让客人进入酒店就能准确了解各功能分区而不需要过多询问，行动自如；在客人流线周边，根据每个节点的服务特点，设置相应的停留空间。

2. 服务流线

为体现对客人的尊重，酒店服务产品一般都是客人专用的，员工不得使用。同时为保证酒店豪华雅致的气氛，管理者要求员工未着工装、未经外表修饰不能进入客人所在区域，部分员工即使着工装也禁止进入客人区域，由此产生了酒店建筑需要的员工通道。流线的分离，亦是高等级酒店在服务与管理方面与传统旅馆的重要区别。高等级酒店往往设置专用的员工通道和员工电梯，酒店员工从专用的员工出入口进出，在员工更衣室更衣后乘员工电梯进入工作岗位，员工通道和出入口一般设在酒店的后面或侧面，与客人出入口截然分离，员工电梯也设在客人不易察觉的位置。服务流线要方便地连接各个服务部门，如客房、厨房、设备机房等，并避免与客人流线交叉，不得穿过客人的活动区域，更不能与客人流线合一。员工通道亦需要简洁明了，以提高服务效率。服务流线如图 6.9 所示。

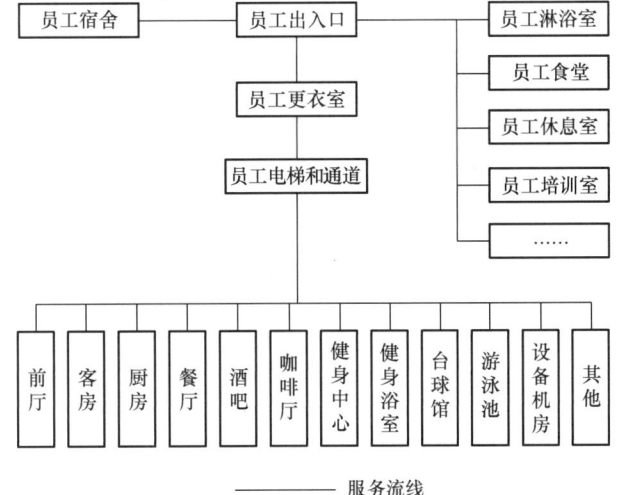

图 6.9　服务流线

3. 物品流线

酒店的餐饮、客房等部门在对客人的服务中需要使用各种原材料和客人用品，使用后废弃和脏污的物品需要运出，进行处理，淘汰或清洗后使用。酒店的工程维护设备和零部件、餐饮原材料、废弃物需要特别设置其流动路线，如图 6.10 所示。物品流线需按照以下设计原则设计。

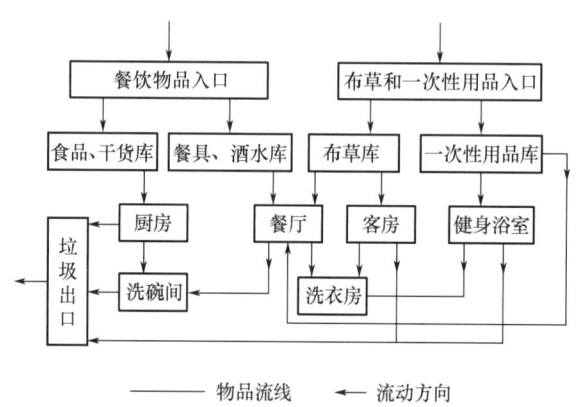

图 6.10 物品流线

① 提高物品输入和输出的工作效率。物品输入和输出有自己的快捷通道，如一些高等级酒店采用布草专用输送通道等。

② 酒店物品具有使用前后的概念，即干净与脏污的区分，为了保证清洁卫生，其流线应严格遵守卫生防疫部门的规定，清污分流，生熟分流。

③ 与服务流线一样，物品流线不应与客人流线交叉。

④ 保证输入物品的安全性。为了减少输入物品的人为损失，特别是餐饮部门食品原材料和客房一次性用品在运输途中的损失，在库房位置设置上需要认真考虑。

图 6.11 为深圳福田香格里拉大酒店首层流线，请关注车流与人流、住宿客人流线、餐饮娱乐消费客人流线、服务流线的布置，关注流线的主次区分、位置设置，关注流线与首层功能分区之间的关系。

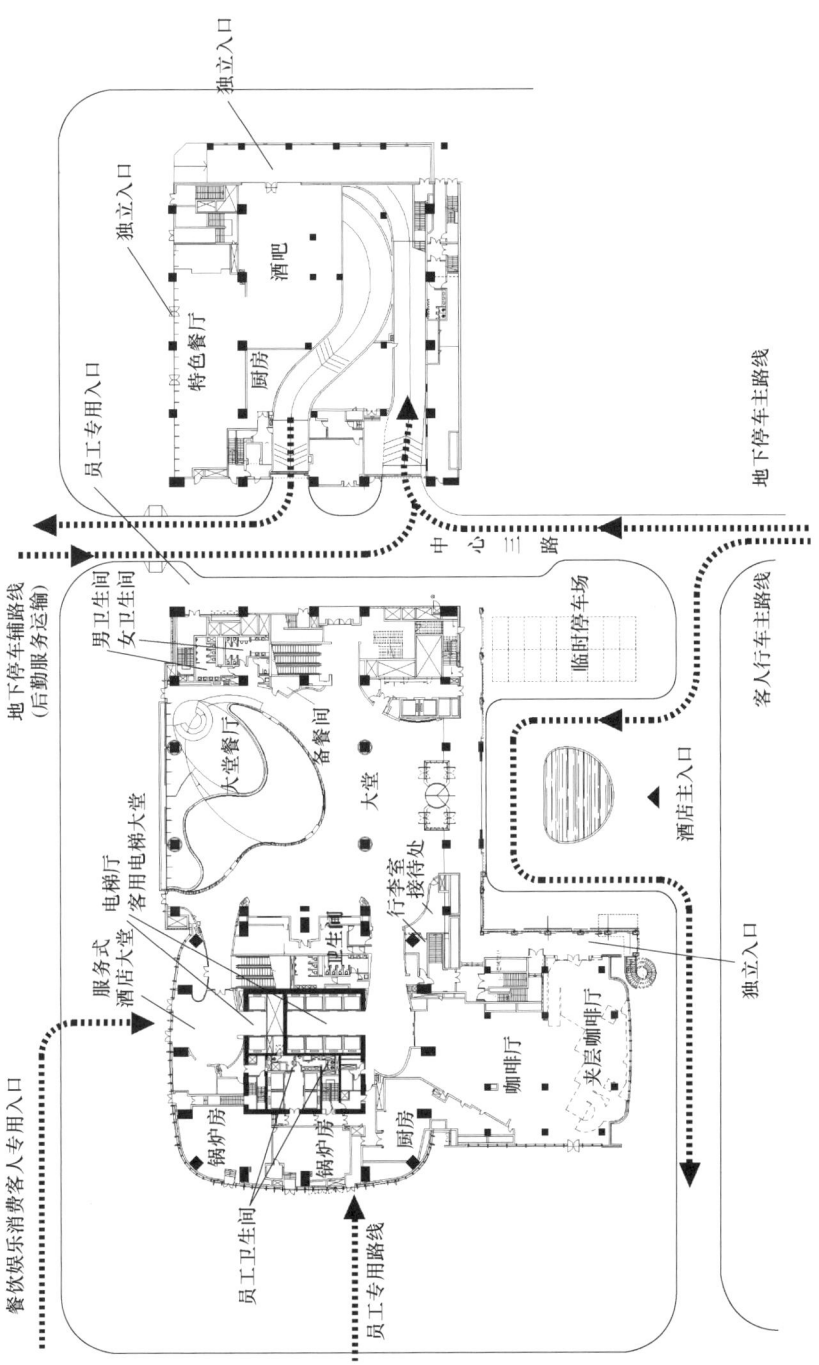

图 6.11 深圳福田香格里拉大酒店首层流线

6.3.4 客房层与客房单元设计

客房是酒店的主要构成部分,给客人提供私密的休息空间。客房常见有单开间和套间之分。客房设计的基本条件是安全、舒适、清洁、安静和隐私,最好有较佳的景观。客房的基本功能是睡眠、休息、个人清洁、交谈、简单饮食、简单办公和存放随行物品等。

1. 客房的类型

(1)单开间

单开间客房一般在酒店中比例最大,按客房床位可分为单人床间、标准间(双床间和大床间)等。

(2)套间

套间是指有两间以上房间组成的客房单元,根据其功能和酒店标准,套间在大小和组成上可设计成多种形式,如迷你型、小型、商务型、复式、豪华型和超豪华型等。构成比例应根据酒店投资经营定位和市场调查确定。

2. 客房的设计要点

(1)面积

客房的面积指标有总面积(包含卫浴、单开间、套间及其他房间等的建筑面积之和)、净面积(客房不含卫生间等的净使用面积)。

表6.2和表6.3是《旅馆建筑设计规范》中规定的客房和卫生间的净面积指标。

表6.2 客房净面积   单位:m^2

旅馆建筑等级	一级	二级	三级	四级	五级
单人床间	—	8	9	10	12
双床或双人床间	12	12	14	16	20
多床间(按每床计)	每床不小于4			—	—

注:客房净面积指除客房阳台、卫生间和门内出入口小走道(门廊)以外的房间内面积(公寓式旅馆建筑的客房除外)。

表6.3 客房附设卫生间

旅馆建筑等级	一级	二级	三级	四级	五级
净面积/m^2	2.5	3.0	3.0	4.0	5.0
占客房总数百分比/%	—	50	100	100	100
卫生器具/件	2			3	

注:2件指大便器、洗面盆,3件指大便器、洗面盆、浴盆或淋浴间(开放式卫生间除外)。

（2）开间、进深和层高

酒店客房的开间和进深确定，需要考虑室内布置的方式、家具基本尺寸和人体的活动空间尺寸，同时还要考虑结构柱网布置的经济性和合理性等多种因素。

常规酒店的客房设计，开间柱距一般为 3.7～5m，进深柱距一般为 7～10m，建筑面积（包括卫生间）一般为 30～50m²，其中净面积（不包括卫生间）为 20～40m²，卫生间为 5～8m²。当房间尺寸在 3.9m×7.5m 左右时，性价比（建筑成本与房间功能之比）为最佳。不同类型客房标准间功能区面积参数见表 6.4，双床间、标准大床间、豪华大床间的尺寸示意如图 6.12～图 6.14 所示。

表 6.4 不同类型客房标准间功能区面积参数

客房类型	睡眠区		卫生间		露台		合计面积	
	面宽×进深/(m×m)	面积/m²	长×宽/(m×m)	面积/m²	长×宽/(m×m)	面积/m²	面宽×进深/(m×m)	面积/m²
经济型	3.3×4.5	14.85	1.8×1.5	2.70			3.3×6.0	19.80
舒适型	3.6×5.0	18.00	1.8×2.0	3.60			3.6×7.0	25.20
中档型	3.9×5.7	22.23	1.8×2.7	4.86			3.9×8.4	32.76
高档型	4.2×6.0	25.20	2.1×2.7	5.67			4.2×8.7	36.54
豪华型	4.5×6.6	29.70	2.4×3.4	8.16			4.5×10.0	45.00
度假型 1	4.5×6.0	27.00	2.7×3.6	9.72	4.5×2.0	9.00	4.5×11.6	52.20
度假型 2	5.0×6.0	30.00	3.8×4.0	15.20	5.0×2.0	10.00	5.0×12.0	60.00

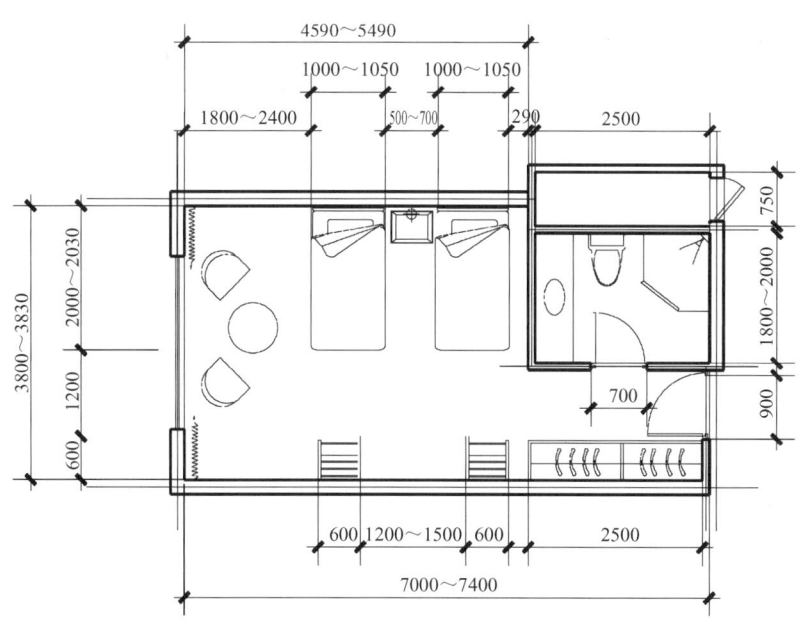

图 6.12 双床间

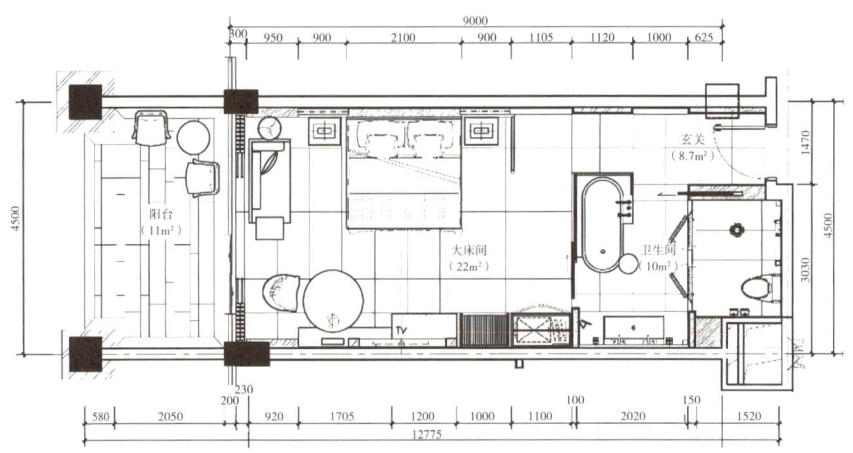

图 6.13　标准大床间

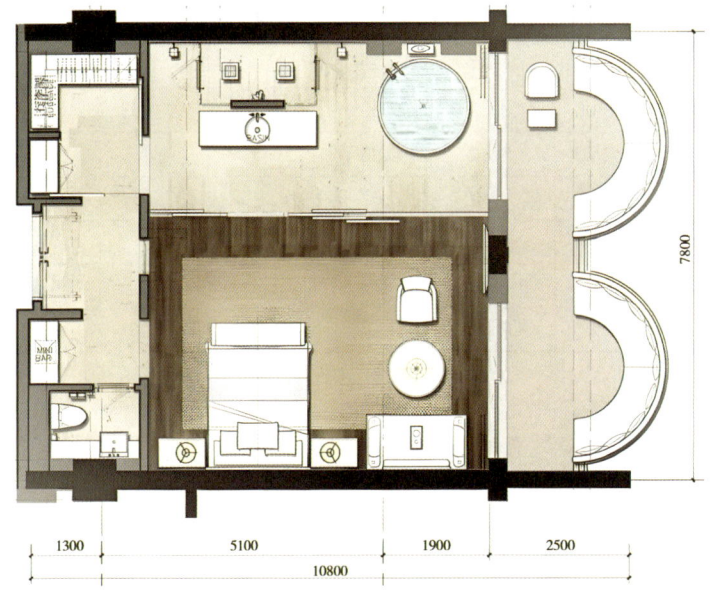

图 6.14　豪华大床间

客房的室内净高，当设置空调时不低于 2.4m，不设空调时不低于 2.6m。客房内的小过道，净宽不小于 1.1m，净高不低于 2.1m。

（3）客房的平面布置与组合

客房的功能分区一般包括睡眠区、卫浴区、储物区、工作区和休闲区。近年来酒店客房的平面布置发生了显著变化，以适应现代宾客的多样化需求（图 6.15～图 6.18）。下面介绍酒店客房平面布置的关键趋势和设计要点。

① 多功能区域组合：现代酒店客房已经由传统的"刀把式"布局，转变为更为科学、人性化的"平行式"布局，提升了空间利用率。

② 开放式设计：开放式洗漱区和挂衣区成为新趋势，这种设计增加了空间的宽敞感和通透感，提升了居住的便捷性和舒适度。

③ 干湿分离：卫生间实现了洗漱、如厕和淋浴的独立分区，确保了使用的方便与卫生。

当然，具体设计时还需考虑酒店定位、宾客需求及实际场地情况等因素，并遵循相关规范和安全标准，兼顾功能性、舒适性、隐私性和空间利用率。

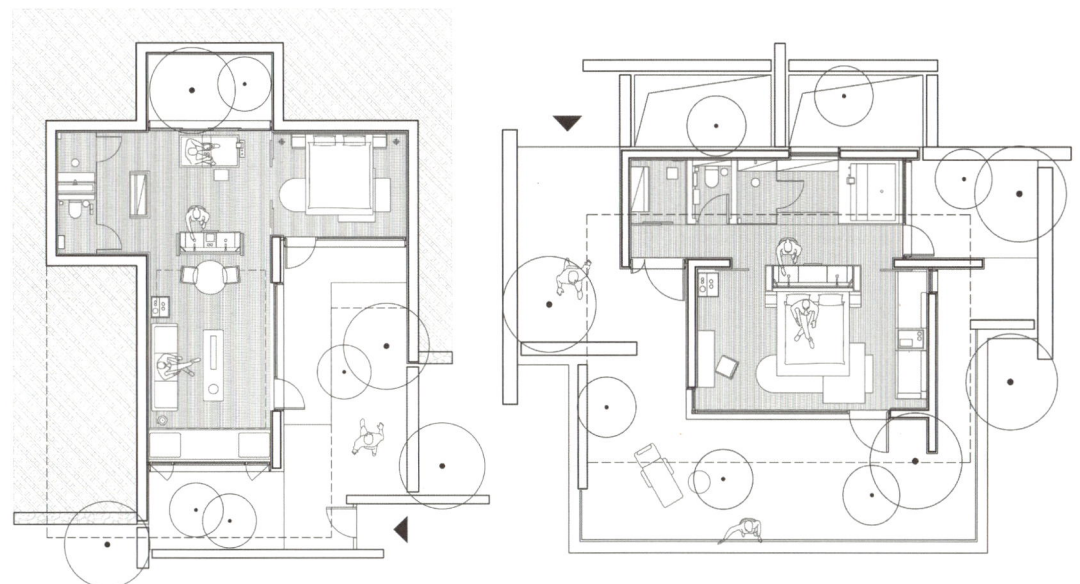

图 6.15　广州畿·云瑶度假酒店客房

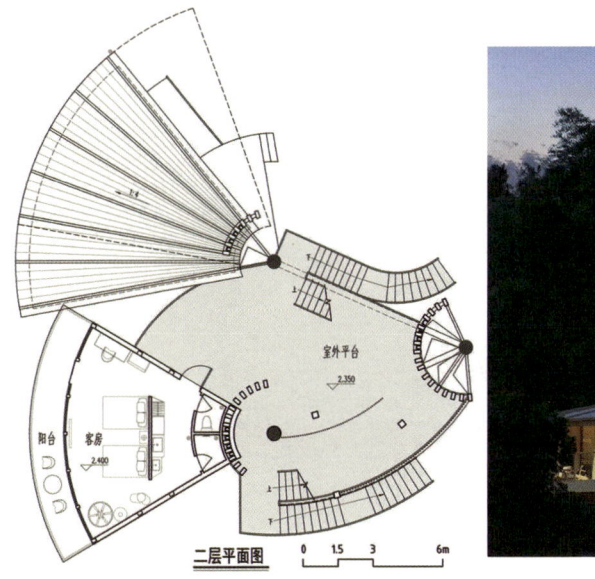

图 6.16　宜宾南溪欢乐田园野趣酒店标准客房

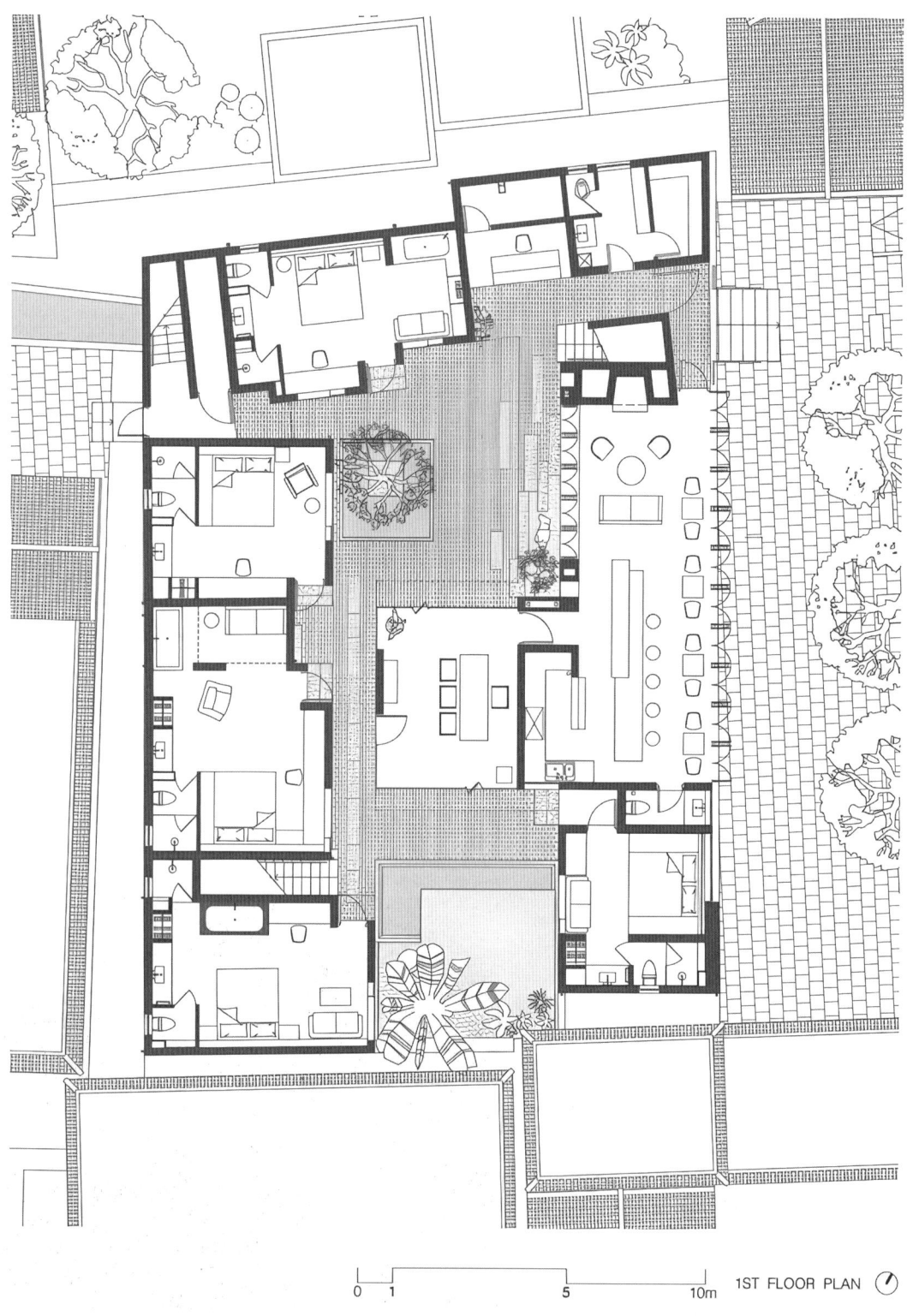

图 6.17　大理古城既下山酒店客房

上下层分户的平层一室一厅套房

客房依地形坡度前低后高，争取最大的景观视野

图6.18 湖南湘西·尔卓山谷叠云间民宿客房

特别提示

酒店应设置无障碍客房，其数量应符合下列规定：30～100间，至少应设置1间无障碍客房；101～200间，至少应设置2间无障碍客房；201～300间，至少应设置3间无障碍客房；301间及以上，至少应设置4间无障碍客房。

（4）客房层的消防设计

防止火灾是酒店应注意的头等大事。《建筑防火通用规范》（GB 55037—2022）等提出了有关设计规定，这些规定是酒店消防设计的重要依据。

① 防火分区。设计时应合理划分防火分区，以利于灭火救援，减少火灾损失。每个防火分区的最大允许建筑面积，高层建筑不应大于1500m²，一、二级耐火等级的单、多层建筑不应大于2500m²，三级耐火等级的单、多层建筑不应大于1200m²，四级耐火等级的单、多层建筑不应大于600m²。当防火分区全部设置自动灭火系统时，上述面积可以增加1.0倍；当局部设置自动灭火系统时，可按该局部区域建筑面积的1/2计入所在防火分区的总建筑面积。

② 安全出入口。每个防火分区至少需要设置2个安全出入口，疏散楼梯应为封闭楼梯间或防烟楼梯间（一类高层酒店和建筑高度大于32m的二类高层酒店用防烟楼梯间）。两个安全出入口之间的距离应大于5m。走廊和楼梯间的最小宽度均需按照各客房层的疏散人数计算，且楼梯段宽度不小于1.2m。

③ 疏散距离。直通疏散走道的房间疏散门至最近安全出口的直线距离有严格限制，见表6.5。

表6.5 直通疏散走道的房间疏散门至最近安全出口的直线距离　　　　单位：m

名称	位于两个安全出口之间的疏散门			位于袋形走道两侧或尽端的疏散门		
	一、二级	三级	四级	一、二级	三级	四级
高层	30	—	—	15	—	—
单、多层	40	35	25	22	20	15

（5）客房平面的柱网布置

酒店主体建筑中标准客房一般占据大部分面积，因此，结构设计应充分考虑这些客房单元的组合背后，其柱网布局的合理性。结构柱网布局规则、对称和刚度均匀是建筑抗震提出的最佳选择结果，即使有建筑特色的需求，也应该在宏观上满足该要求。另外，合理的柱网尺寸还能降低造价，同时便于取得合乎酒店功能要求的空间尺度。

7～8m柱网开间是酒店客房楼最常见的，每个柱网开间包含两个客房开间，这样既能够取得最经济的柱网间距和框架梁尺度，又能够让其中的卫生间管道井不受框架梁柱的影响。若 3.5～4m 一个柱网开间，则其柱网较密，若非超高层建筑将增加工程造价，同时，较密的柱网将影响管道井的布局，且不便于底层大厅和多功能大空间的使用。

仅有少量套房的酒店建筑，其柱网并非设置在端部或单栋建筑中，而是设置在顶部楼层。为此，这类套房的平面布局是在柱网已确定的情形下再设计的，而不应对顶部柱网进行错位。

综上所述，柱网布置常常考虑以下几个因素。

① 柱网规则，柱距均匀，经济合理。

② 梁柱不影响管道井布置。

③ 柱网不应沿高度方向错位。

图 6.19 为常见的几种柱网布置形式。

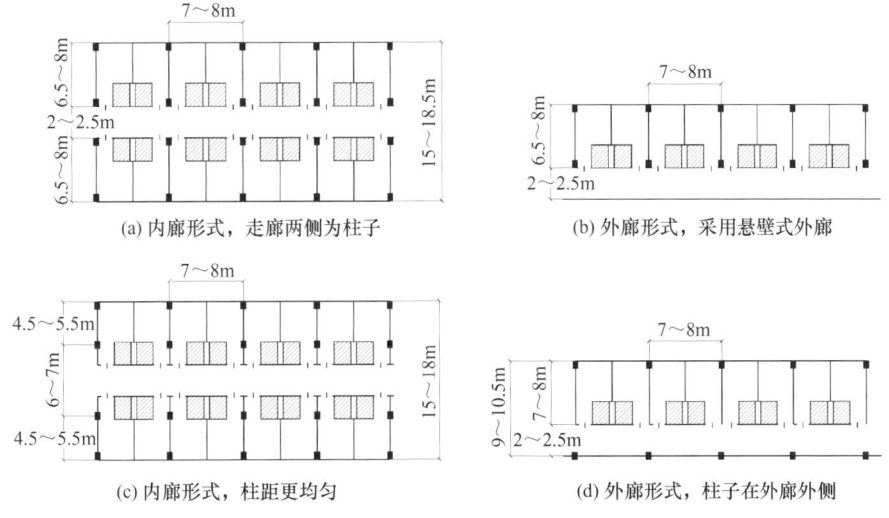

图 6.19　常见的几种柱网布置形式

（6）客房管道井

通往客房的各种设备配管、通风道等，常常汇集在管道井里，为了节省所需空间，满足与客房设备的功能性布局，一般标准客房以两个房间为一对设一个管道井。管道井里的配管有给水管、热水供应管、排水管、送（排）气管、空调冷热水管（上水和回水）、送（排）风管道（也常设置在走廊吊顶之上）。

因客房的楼层数、管道的处理不同，管道井的布置也有变化，但类型大致有 A 型（800mm×2000mm ～ 1000mm×2500mm）和 B 型（500mm×3000mm ～ 700mm×4000mm）两类，如图 6.20 所示。

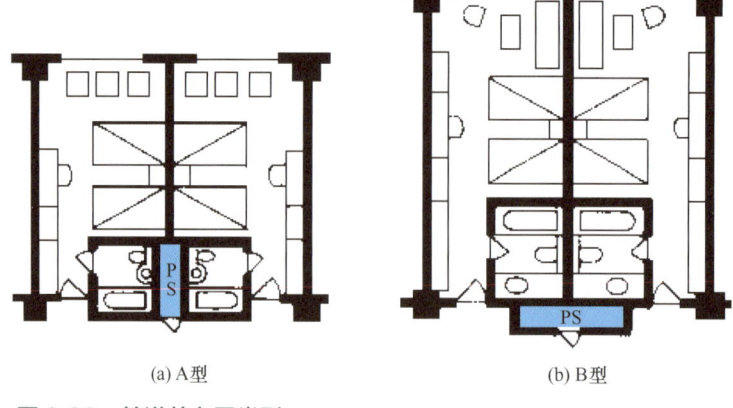

图 6.20　管道井布置类型

（7）电梯

电梯是客人上下楼的主要交通工具。除非是 1～3 层的酒店或者专供青年人户外运动的客栈，否则必须配备电梯。对于高度大于 24m 的高层酒店，还需要设计带消防前室的消防电梯。为了提升酒店档次，观光电梯也常被选用。观光电梯一般设置在毗邻外墙或中庭的位置，使客人能够欣赏优美的户外景色或中庭景色。电梯数量估算公式为：电梯数量 = 2 + (客房数 /100)，实际可根据酒店等级和层数适当调整。

6.3.5　前厅空间设计

前厅在酒店中起着非常重要的作用，它是酒店室内气氛、环境的集中营造地，是当地文化的展示和酒店等级的体现。前厅在功能上是客人的集散地和多项活动的中心。

现代酒店设计大师约翰·波特曼进一步发展了前厅的共享空间——中庭，提出了"人看人是一种风景"的理念，即共享空间服务于等候、交谈、品茗、商务、展示等多种功能，人在复杂的空间中穿梭，成为一种移动的风景。

1. 前厅的功能分区

前厅由接待空间、公共空间、经营空间、后勤服务空间四大部分组成。对于低等级酒店，部分空间可能简化或与其他空间合并。

图 6.21 为深圳福田香格里拉大酒店首层的功能分区及详解，请关注主大堂空间组成、相关总服务台和行李室等服务区位置，大堂的休闲区域、卫生间、电梯厅的位置，特色餐厅、酒吧、咖啡厅的布置及其与大堂和自身厨房之间的关系，以及这些餐饮空间的独立出入口。另外还需要关注内部员工和设备专用区域位置及其独立出入口的位置，员工空间与大堂之间的联系等。首层还设有服务式酒店大堂，可以为宾客提供一应俱全的商务和秘书服务，包括翻译、影印、传真、宽带和无线上网、速寄服务等。

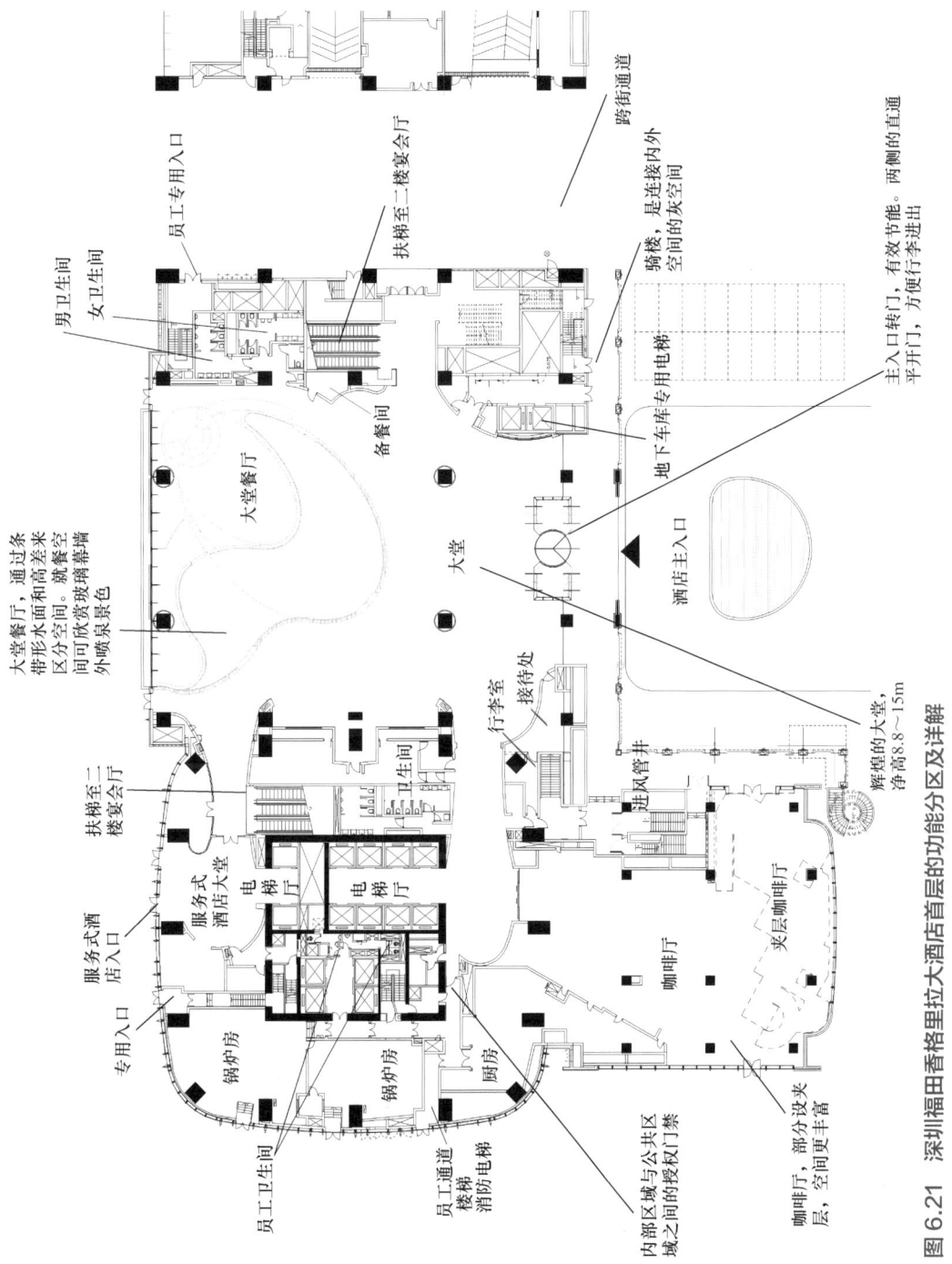

图 6.21 深圳福田香格里拉大酒店首层的功能分区及详解

2. 前厅的流线

前厅是人流量最大的区域，各种流线和等候空间交错，合理的流线和空间设计至关重要。关于流线在 6.3.3 节中已经讲解，此处不再赘述。

3. 前厅的面积指标

前厅的面积受到酒店的类型、等级的影响，前厅的总面积与客房数之比是《旅游饭店星级的划分与评定》中的一个重要评分指标。前厅的面积既不可任意扩大，也不可任意压缩。低星级酒店的前厅一般面积较小，布置紧凑，给人以亲近感，如图 6.22～图 6.25 所示。另外，前厅的面积与净高也需要相互配合，若面积过大而净高较低，会给人以压抑感。

对于酒店建筑的主要面积指标（包含前厅面积指标），建筑师应当与业主充分沟通后确定，同时应综合同类市场调查，本酒店经营理念、定位、管理模式，前厅服务内容等多种因素作为依据来确定。

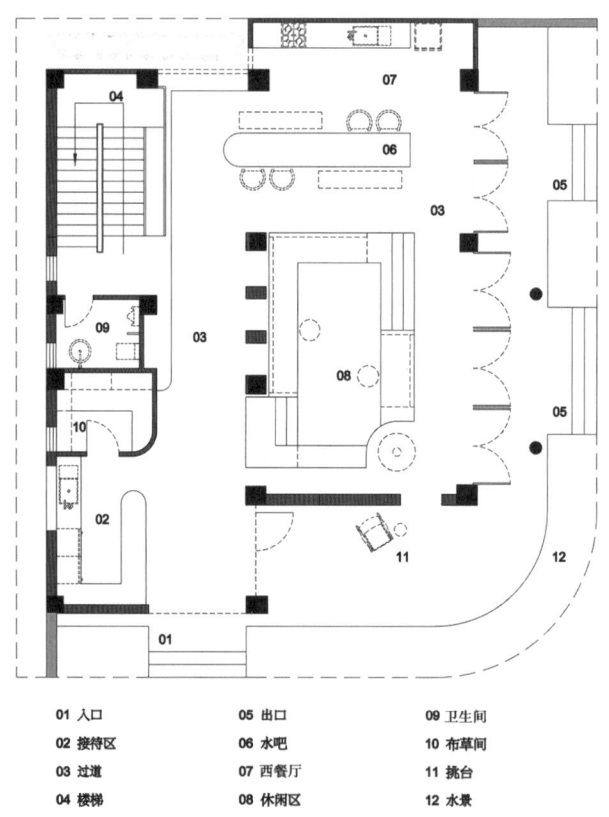

01 入口　　05 出口　　09 卫生间
02 接待区　06 水吧　　10 布草间
03 过道　　07 西餐厅　11 挑台
04 楼梯　　08 休闲区　12 水景

图 6.22　某民宿的前厅设计

模块 6 酒店建筑设计

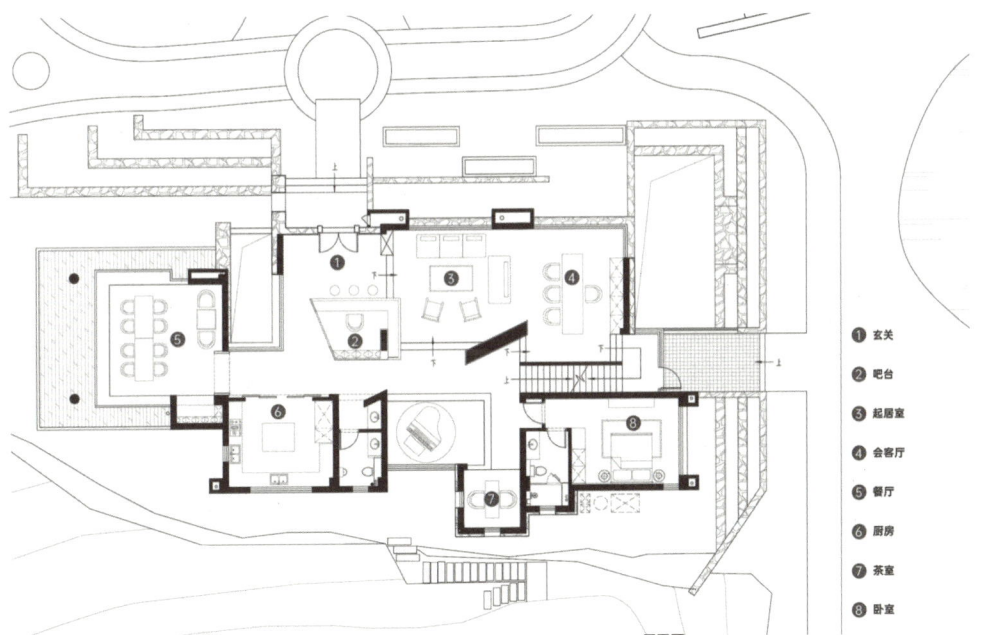

① 玄关
② 吧台
③ 起居室
④ 会客厅
⑤ 餐厅
⑥ 厨房
⑦ 茶室
⑧ 卧室

图 6.23 杭州龙门乡居民宿前厅设计

图 6.24 某民宿前厅一

159

图 6.25　某民宿前厅二

6.3.6　餐饮空间设计

餐饮空间的规模应与酒店的等级、规模和经营理念相一致。图 6.26～图 6.28 所示为民宿酒店的餐饮空间，图 6.29 所示为五星级酒店的餐饮空间。

1. 餐厅设计

餐厅按饮食特点一般分中餐厅、西餐厅、风味餐厅等；按服务方式和环境特色有宴会厅、自助餐厅、包间等；按空间特色有花园餐厅、旋转餐厅等。另外还有酒吧、咖啡厅、茶室等。

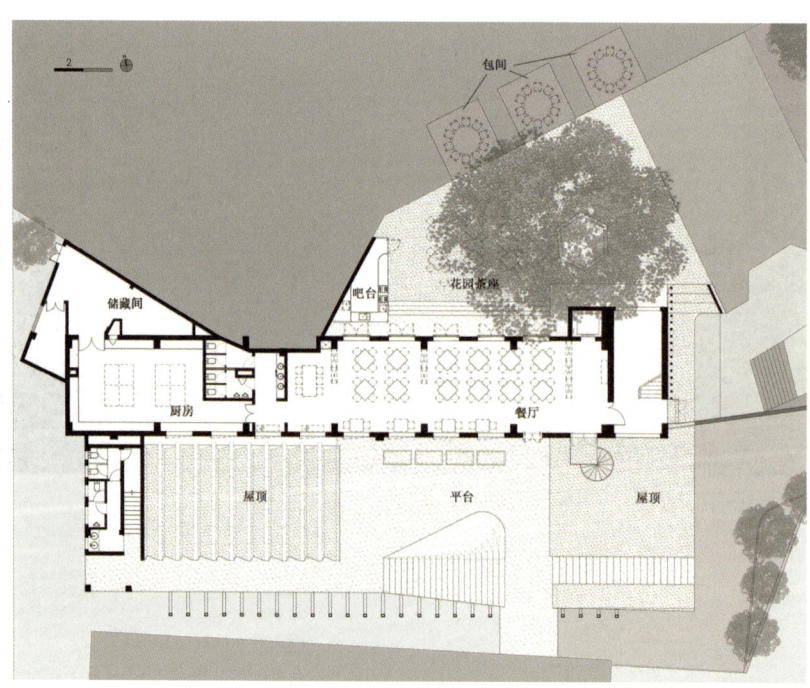

图 6.26　重庆印制一厂改造的山鬼精品酒店餐厅

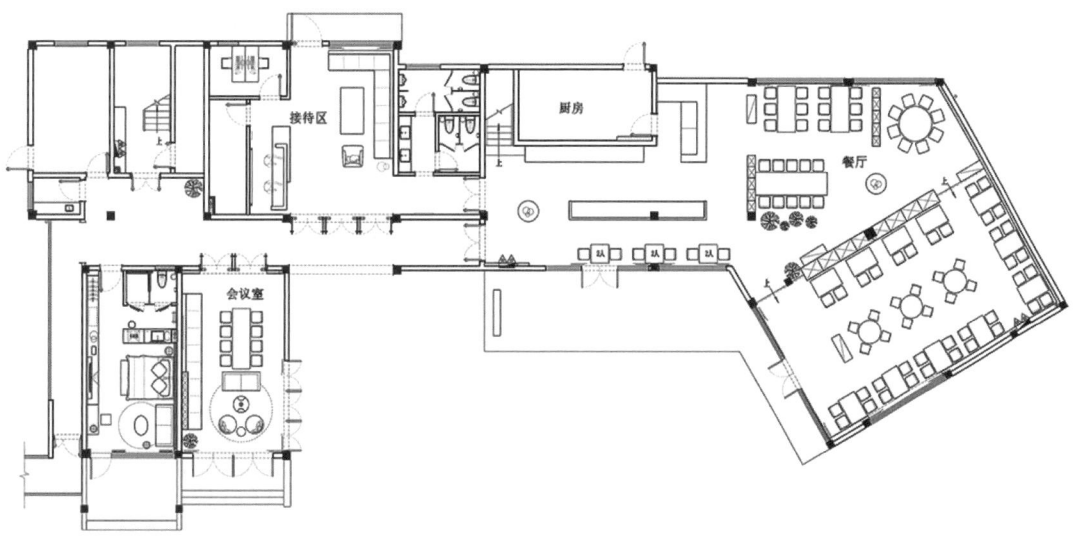

图 6.27 温州乐清慢·方舍民宿餐厅

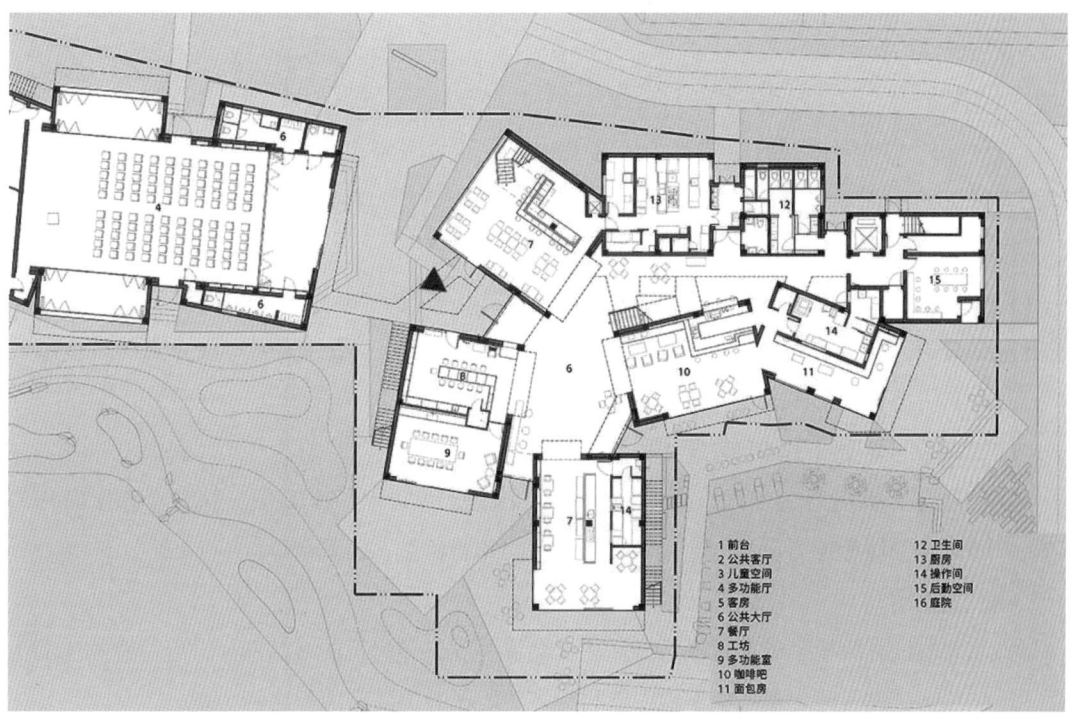

图 6.28 浙江湖州田中聚落民宿餐厅

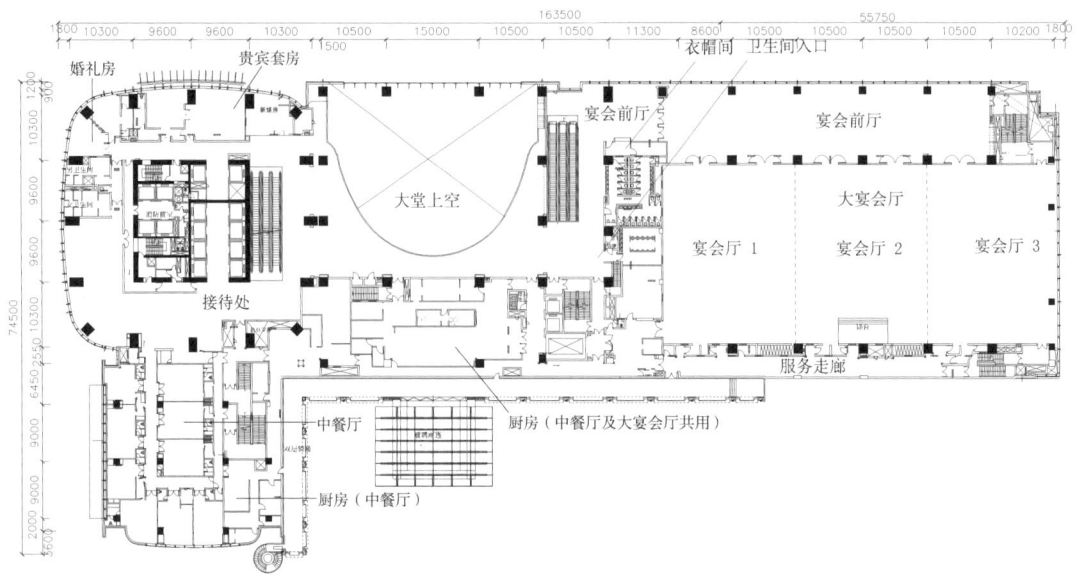

图 6.29 深圳福田香格里拉酒店餐饮空间

餐厅设计的要点如下。

（1）面积

餐厅面积大小需根据酒店的等级、规模和经营理念确定，可参照《饮食建筑设计标准》（JGJ 64—2017）规定的用餐区域每座最小使用面积进行设计，具体见表 2.3。

（2）交通流线

设计合理的交通流线，注意区分内部空间（厨房、清洗、冷处理、冷冻储藏等）与客人体验区域的分隔，防止内外混杂，误导客人。对于大型餐厅，一般还需考虑设置对外直接出入口，避免非住宿客人与住宿客人的交通混杂。

（3）大空间餐厅与小空间餐厅的关系

宴会厅应布置适当的前厅，为客人休息、交流提供场所，其面积一般为宴会厅面积的 1/6～1/3。宴会厅旁还需设置为会议做准备的房间和器材室、储藏室等。

（4）卫生间

卫生间的设计应根据餐厅规模而定。适合会议、宴会和展览的多功能厅，应注意相应的卫生间、储藏间、设备间、贵宾室等辅助空间与多功能厅的关系和面积比例。

（5）柱网尺寸和净高

餐厅内一般装修丰富，建筑设计需预留足够的空间。一般小餐厅净高不宜低于 2.6m，宴会厅净高不宜低于 5m。对于宴会厅，柱网布置宜采用大间距，一般不宜小于 7.2m，甚至可设计成无柱餐厅。小型包间可采用 3.6～4.2m 开间柱网。餐厅空间可丰富成各种形状的平面，但每个空间的长宽比宜适度，以不超过 1.618 为宜，过分狭长的空间不便于主持宴会。

2. 厨房设计

厨房的位置应考虑原材料输入、废弃物输出、污水排放、燃料供应、菜肴传送等一系列问题，还要考虑厨房油烟、噪声对客房、大厅等的影响。厨房位置应设置在室内通风的下风向。

厨房可设在底层、顶层、地下室和副楼中，各有其利弊。厨房设置在底层是最常见的，其优点是原材料输入和废弃物输出方便，且便于在低层设置餐厅从而方便客人就餐，便于设置合理的防火分区。

6.3.7 停车场与停车库设计

停车场与停车库是为客人服务必备的空间，根据酒店类型、规模和等级的差异，停车模式也有较大差异。常见的有全地面停车场、地面停车场与地下停车库结合、地面停车场和楼上停车库结合三种方式，需要根据停车数量和酒店用地情况综合分析来设计。

（1）广场临时停车场

酒店入口广场的大小与基地条件、酒店规模相关。即使用地紧张、广场小，也需要在入口处设置停车位，以便迎送客人。考虑接待团队客人的需要，需在入口处设置大型客车临时停车场。入口雨篷下也需预留足够空间方便大型客车载客，同时方便出租车载客和临时等候等。

（2）地面停车场

地面停车场的大小需要根据基地条件、酒店规模来设置。即使基地紧凑，也需要适当考虑大型客车的临时停放与等候。

（3）地下停车库和楼上停车库

地下停车库和楼上停车库这类室内停车库的空间利用率一般受柱网布局影响较大，对于高层酒店主体建筑的地下空间，一般柱网受上部客房布局影响，若布置不合理会导致停车库利用率较低。

关于停车场与停车库的详细设计要求，如车位布置方式、车位大小、车道大小、转弯半径、坡度、车入口数量和位置等，详见《车库建筑设计规范》（JGJ 100—2015）和《汽车库、修车库、停车场设计防火规范》（GB 50067—2014）。

6.4 拓展学习

1. 杭州开元森泊度假酒店"树屋"
2. 南京世茂滨江希尔顿酒店

杭州开元森泊度假酒店"树屋"

南京世茂滨江希尔顿酒店

|模块小结|

本模块主要根据项目任务的要求，对酒店建筑的设计要点和相应的规范标准进行详细的阐述，力求使学生能够运用酒店建筑的相关设计知识，对酒店建筑的基地条件、空间组合、建筑功能和流线等进行合理分析，能够根据酒店的管理需求、功能和美观要求处理平面和空间布局的细节，独立完成酒店建筑的方案构思和表达。

模块 7

交通建筑设计

教学目标

通过汽车客运站设计任务训练，学生应掌握中小型交通建筑的设计特点、设计方法及相关规范，具备合理处理车流、人流等复杂流线关系的能力，以及大跨度建筑空间设计、场地和建筑一体化设计的能力；能够自觉运用国家有关规范，创造出布局合理、流线衔接顺畅、服务便捷、智能化、安全舒适的交通空间环境，从而具备独立进行交通建筑功能分析、空间组合及方案构思和表达的能力。

相关规范标准

教学要求

能力目标	知识要点	权重
能够掌握交通建筑的相关规范	《交通客运站建筑设计规范》（JGJ/T 60—2012）、《汽车客运站级别划分和建设要求》（JT/T 200—2020）	10%
能够运用交通建筑的设计方法，进行方案构思、比较及选择	交通建筑的设计要点	60%
具备联系实际、调查研究的能力，有能力运用各种科学方法收集资料，进行调查研究	城镇中优秀交通建筑的调研分析	10%
具备精确绘制交通建筑设计方案不同阶段图纸的表达能力	平面图、立面图、剖面图、建筑模型、效果图、分析图的绘制，造型设计等	20%

7.1 任务提出：乡镇汽车客运站设计

1. 设计任务

浙江省丽水市遂昌县为振兴乡村，拟在云峰街道龙板山区块新建一座乡镇汽车客运站，作为农村客流、物流网络节点体系中上接市县、下联村的中间节点。该乡镇汽车客运站总建筑面积控制在2000m² 以内。计划日发送旅客数为1000人，5个待发车位（4个中型营运汽车车位，1个大型营运汽车车位）。室外停车场至少考虑能容纳25辆过夜车（20辆中型营运汽车，5辆大型营运汽车），站前广场要求能停靠10辆私家车及10辆出租车。

2. 设计内容

乡镇汽车客运站空间组成及建筑面积见表7.1。

表7.1 乡镇汽车客运站空间组成及建筑面积

序号	功能分区	空间名称	建筑面积/m²	备 注
1	候车区	候车厅	600	
2	售票区	售票厅	150	
		售票室	30	
		票务办公室	20	
3	服务与附属用房	小卖部与饮水处	60	
		旅客卫生间	80	三级车站及便捷车站的到站卫生间与出站卫生间可合并设置，并应设无障碍厕位
		小件行李寄存处	20	应靠近售票厅或主要出入口
		问讯与电话	20	
4	站务用房	党政办公室	20	3间
		会议室	50	
		财务室	20	
		广播调度室	20	靠近站台，能看到进出站
		智能化系统用房	20	
		客运值班室	20	靠近售票厅或候车厅，与旅客联系方便
		行车人员休息室	40	靠近调度室并直接通向站场
		民警与消防室	20	与售票厅、候车厅、站台联系方便，并可以直接通向站场
		储藏室	20	
		职工卫生间	30	
5	行包区	行包托运处（包括托运厅、受理室及库房）	100	
		行包提取处（包括提取厅、受理室及库房）	100	
		行包装卸廊		结合站台布置
		总计	2000	±5%

注：始发站台、到达站台、门卫、建筑小品及联系廊等面积由个人自定，且不计入建筑面积。

3. 设计要求

① 合理安排汽车进、出站口，合理布置停车场和有效发车位。

② 建筑布局合理，分区明确，使用方便，流线简捷。

③ 站前广场应明确划分车流路线、客流路线、停车区域、活动区域及服务区域。

④ 内部功能应明确，流线短捷清晰，使用舒适方便，规划应留有发展余地。同时，设计应考虑残疾人的使用需求。

⑤ 结构选型合理。

⑥ 造型新颖、美观。

⑦ 防火等级：二级。

4. 地形及技术条件

建设基地条件如图 7.1 和图 7.2 所示。

地形图 CAD

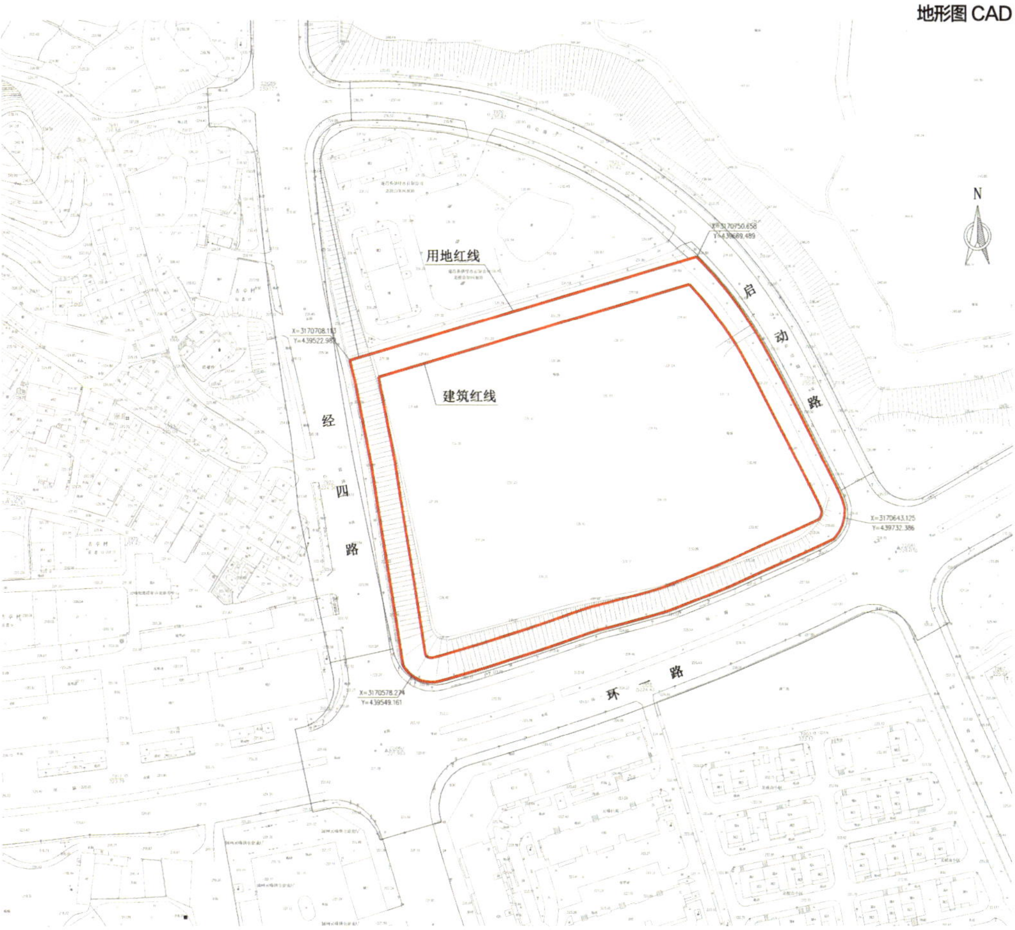

图 7.1 汽车站设计地形图

图 7.2　汽车站设计卫星区位图

7.2 任务目标：图纸成果要求

① 总平面图：比例为 1∶500。要求画出准确的屋顶平面并注明层数，注明各建筑出入口的性质和位置；画出详细的室外环境布置（包括道路、广场、绿化、小品等），正确表现建筑环境与道路的交接关系；画出指北针。

② 各层平面图：比例为 1∶200。要求注明各房间名称（禁用编号表示）；首层平面图应表现局部室外环境，画剖切标志；各层平面图均应画出室内设施、卫生设备布置。

③ 立面图：比例为 1∶200。要求不少于两幅，至少一幅应看到主入口，制图要求区分粗细线来表达建筑立面各部分的关系。

④ 剖面图：比例为 1∶200。要求应选在具有代表性之处。

⑤ 透视图：要求至少一幅，应看到主入口，并能较好反映建筑特征。要求彩色表现，方式不限。

⑥ 设计说明：要求能准确表达设计构思，所有文字应用仿宋字或方块字整齐书写。内容包括设计构思说明和技术经济指标（总建筑面积、总用地面积、容积率、绿化率、建筑高度等）。

⑦ 除上述要求外，还可以附加表达自己设计思想的其他图纸。

7.3 任务实施：设计要点分析

交通建筑一般位于城镇的门户位置，人流密集，交通状况复杂，流线设计要求高，技术性要求高，对场地的分割和设计有较高要求。交通建筑包括汽车客运站、铁路客运站、港口客运站及航空港、地铁站等。本模块着重阐述汽车客运站设计，根据《汽车客运站级别划分和建设要求》，汽车客运站的级别划分见表 7.2。

表 7.2 汽车客运站的级别划分

级别		旅客日发量/人次	备注
等级车站	一级	≥ 5000	其他详见《汽车客运站级别划分和建设要求》第 5 部分
	二级	2000 ～ 4999	
	三级	300 ～ 1999	
便捷车站			设施与设备符合便捷车站配置要求的车站
招呼站			具有等候标志和候车设施的车站

特别提示

汽车客运站作为传统交通枢纽，在高铁、私家车、网约车等多重冲击下面临转型压力，但其发展仍可通过功能升级与模式创新焕发活力，发展趋势如下。

定位："交通＋商业＋物流"复合枢纽。

技术：智能化服务与绿色运营。

目标：高效连接城乡，激活区域经济。

7.3.1 总平面设计

汽车客运站由站前广场、站房、站场和其他附属建筑等内容组成（图 7.3）。站前广场是旅客进出站和人流集散的场地。客运站站房是旅客完成乘车过程的主要场所，包括候车、售票、行包、业务办公等营运用房，以及各种辅助和扩展的功能用房。站场是总平面上面积最大的部分，包括营运停车场、车行通道（调度车道、回车道、进出站引道）、出入口、辅助设施和绿化等。

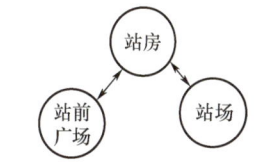

图 7.3 汽车客运站内容组成

在进行汽车客运站总平面设计时，应根据客运站的建筑规模、所在城镇性质与客运站周围环境，妥善安排各功能分区的相互位置及平面关系，以满足各部分的使用要求，方便各部分的相互联系。

汽车客运站总平面一般采用"前站后场"模式。设计时一般从外部环境和内部功能两部分着手分析，应遵循的原则有以下5点。

（1）符合城镇规划的要求

预留一定面积的站前广场，总平面设计中与城镇规划直接发生关系的功能分区要有进出的车道。一、二级汽车客运站进站口、出站口应分别设置，为了避免与城市交通有过多的交叉，出站口一般宜安排在次干道右转弯处。三级汽车客运站因班次较少，面积、地形受限制，当停车场停放车辆不超过50辆时，可设一条通道用来进出车。进站口、出站口净宽不应小于4.0m，净高不应小于4.5m。

（2）布局紧凑，节约用地，远、近期结合，并宜留有发展余地

（3）分区明确，使用方便

（4）力求各种交通分流，减少相互交叉和混杂

流线的组织与设计是客运站设计的关键问题，流线是否合理也是评价客运站设计优劣和成败的主要标准。汽车客运站交通流线主要包括进出站旅客流线（图7.4）、进出站客车流线（图7.5）、出租车辆与社会车辆的流线、客运站建筑内部的人流。

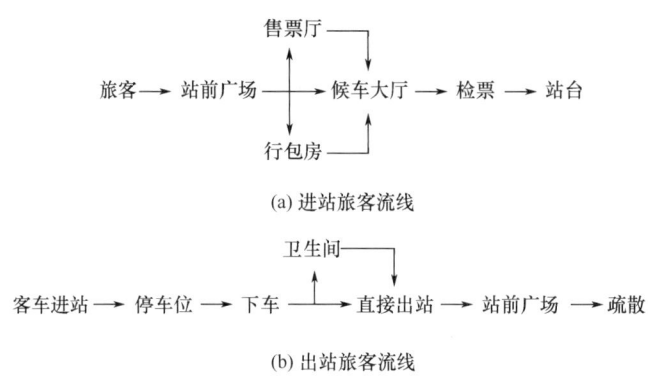

图 7.4　进出站旅客流线

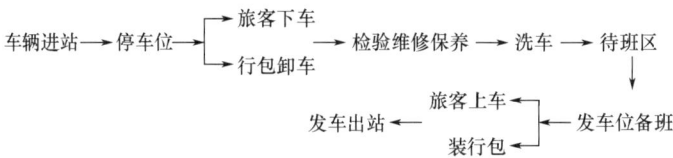

图 7.5　进出站客车流线

汽车客运站流线复杂，在设计流线时，原则上应避免人流、车流和货流交叉混杂，力求做到流线短捷、顺畅，各种交通分流，各行其道，避免相互交叉干扰，保证旅客能迅速、方便、安全地疏散，如图7.6所示。

按城镇规划及交通管理要求，为了防止进出站客车与城镇干道过境车辆互相交叉干扰，在

进出站口处应设置必要的引道,引道长度不应小于客车最小转弯半径。在流线设计中做到进出站流线不交叉,并留有足够的卸客车位,确保车辆合理的停靠方向。进出站旅客流线与客车流线应保持一定的安全距离,并设置隔离措施,以保证旅客安全与行车安全。

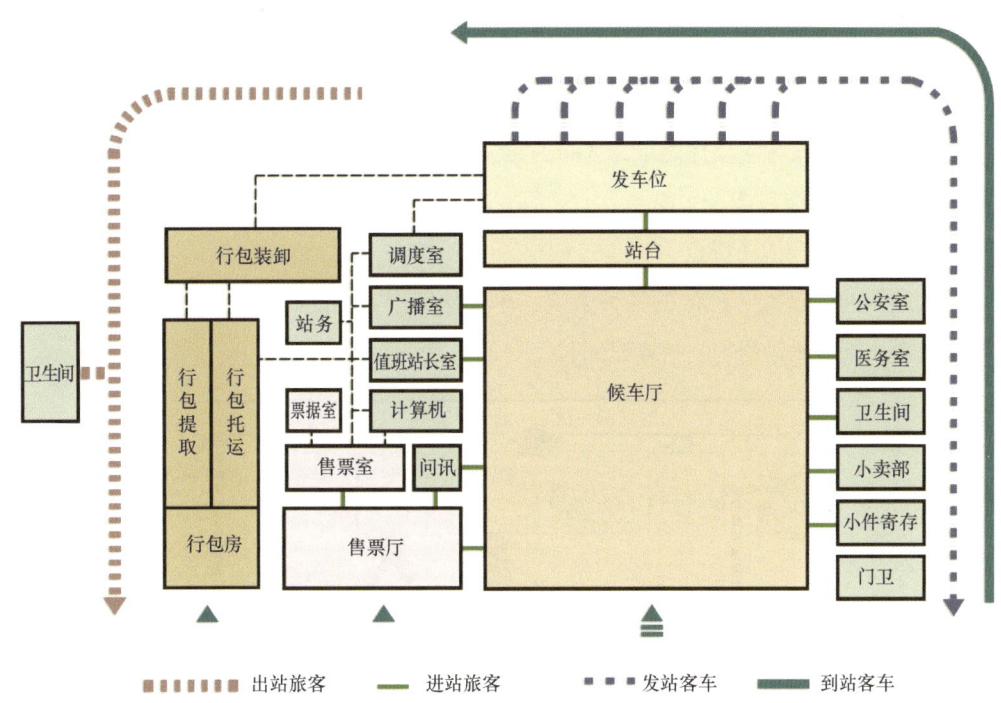

图 7.6　汽车客运站交通流线

（5）合理布置绿化

站前广场的绿化既美化环境,又可隔离各活动区域。如中国台湾的新高雄车站以其有机的曲线形状为特色,景观天棚提供了大量的绿化空间,如图 7.7 所示。这片绿化区域不仅统一了不同的交通模式,还代表了高雄市可持续发展的绿色理念。

图 7.7　中国台湾新高雄车站

7.3.2 站前广场设计

站前广场是客运站的三大组成部分之一，与站房、站场在使用功能上有密切的联系，是客运站建筑设计中的一个重要环节，同时也是客运站与城市联系的"纽带"。

1. 站前广场的功能

站前广场的功能是合理组织进出站旅客和各种社会车辆在广场上安全、迅速地集散。其功能分区主要有进出站旅客活动休闲带、人行通道、出租车和社会车辆停车场等。

2. 站前广场的交通流线

（1）流线的组成及活动特点

进站交通流线的特点：分散的各种人流、车流从城市道路陆续到达广场，如图7.8所示，进程较为缓慢，流量比较均匀，持续时间长。

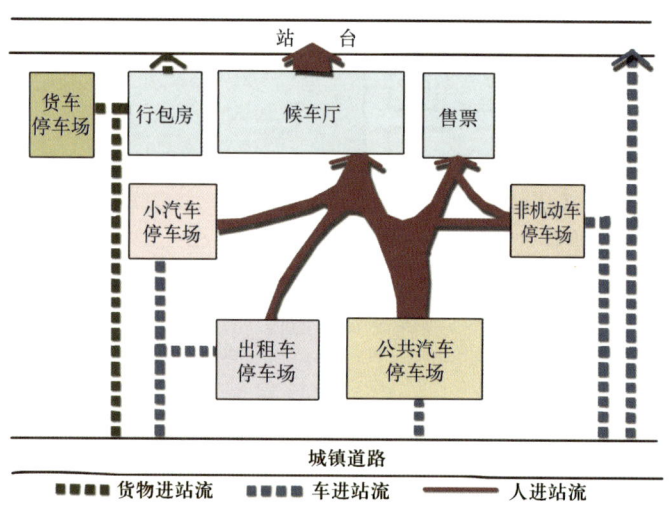

图7.8 进站交通流线

出站交通流线的特点：人流密集，时间集中，要求短时间内快速疏散，但有间隔性，如图7.9所示。

（2）流线设计的基本要求和方法

① 处理好广场和城市干道的连接。

控制城市道路通向广场交叉道口的位置、数量和开口宽度。城市道路通向广场的交叉道口，一般不宜超过3处，且两个相邻的道口之间应该保持一定的距离，以便组织车流交织，避免交叉。适当控制城市道路通向广场的开口宽度，不得大开口，以免在城市道路上造成交通混乱。

② 合理组织各种交通，人车分流。

交通分流就是将广场上的人流与车流、客流与货流、进站交通流线与出站交通流线、机动车辆流线与非机动车辆流线，以及各种不同的机动车辆如公共汽车、出租车、专用车等的流线分开，使它们各自有其交通流线和停车场地，并将它们之间的交叉减少到最低限度。

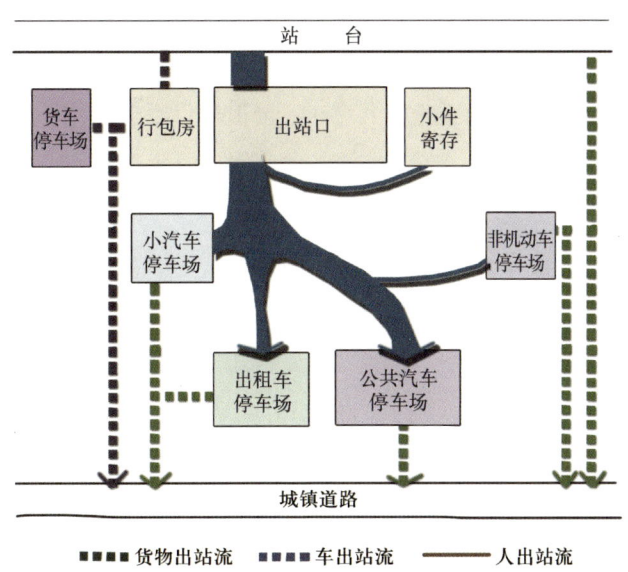

图 7.9 出站交通流线

广场人车分流的方法有前后分流、左右分流、上下分流，如图 7.10 所示。

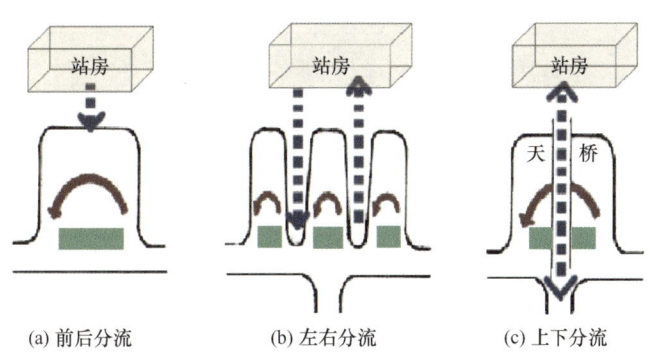

图 7.10 广场人车分流的基本方法

前后分流是把人流、车流分别组织在站前广场前后两个部分，前部行驶、停靠车辆，上下旅客，后部为旅客活动区。旅客可安全进入站房，人车互不干扰，但车辆不能紧靠出入口，增加了旅客步行距离。左右分流是将车流、人流沿站前广场横向分布，人流右边进站、左边出站，车流按流向、流量分别组织在不同的场地，从而使人车分流，互不干扰，这是比较常用的分流方式。上下分流是通过天桥将人流和车流分为上下两部分。

③ "流"与"停"要分开。

站前广场应明确划分出车行路线和停车场地，即合理组织车辆活动场地。车辆活动场地主要包括车行通道、乘降站点和停车场。

停车场的位置应尽量设置在城镇干道的同一侧，避免人流、车流、货流穿越干道，以保障交通安全，且便于疏散和管理。

旅客到达客运站的方式主要有乘坐公共汽车、出租车、社会车辆和步行。出站后也可乘坐公共汽车、出租车或社会车辆。公交交通有统一的规划，因此，客运站站前广场主要设计出租车和社会车辆停车场。

出租车和社会车辆的停车场宜分开设置。乘坐出租车和社会车辆到站的旅客可分别由停车场进入站房。应使车流尽量靠近旅客出入口，最大限度地靠近人流集散点，明显易找。由于出租车机动灵活、载客少、路线不固定，出租车停车场宜设循环式候客车位，方便旅客搭乘。

单独的行包车停放场地宜靠近行包房和行包堆场，不宜把行包车停放场地布置在站房主要的旅客出入口前面。

机动车停车场设计参数见表 7.3，停车场内宜结合停车间隔带种植高大庇荫乔木，如图 7.11 所示。

表 7.3 机动车停车场设计参数

停车方式		垂直通道方向的停车带宽 / m					平行通道方向的停车带长 / m					通道宽度 / m					单位停车面积 / m²				
		Ⅰ	Ⅱ	Ⅲ	Ⅳ	Ⅴ	Ⅰ	Ⅱ	Ⅲ	Ⅳ	Ⅴ	Ⅰ	Ⅱ	Ⅲ	Ⅳ	Ⅴ	Ⅰ	Ⅱ	Ⅲ	Ⅳ	Ⅴ
平行式	前进停车	2.6	2.8	3.5	3.5	3.5	5.2	7.0	12.7	16.0	22.0	3.0	4.0	4.5	4.5	5.0	21.3	33.6	73.0	92.0	132.0
斜列式	30° 前进停车	3.2	4.2	6.4	8.0	11.0	5.2	5.6	7.0	7.0	7.0	3.0	4.0	5.0	5.8	6.0	24.4	34.7	62.3	76.1	78.0
	45° 前进停车	3.9	5.2	8.1	10.4	14.7	3.7	4.0	4.9	4.9	4.9	3.0	4.0	6.0	6.8	7.0	20.0	28.8	54.4	67.5	89.2
	60° 前进停车	4.3	5.9	9.3	12.1	17.3	3.0	3.2	4.0	4.0	4.0	4.0	5.0	8.0	9.5	10.0	18.9	26.9	53.2	67.4	89.2
	60° 后退停车	4.3	5.9	9.3	12.1	17.3	3.0	3.2	4.0	4.0	4.0	3.5	4.5	6.5	7.3	8.0	18.2	26.1	50.2	62.9	85.2
垂直式	前进停车	4.2	6.0	9.7	13.0	19.0	2.6	2.8	3.5	3.5	3.5	6.0	9.5	10.0	13.0	19.0	18.7	30.1	51.5	68.3	99.8
	后退停车	4.2	6.0	9.7	13.0	19.0	2.6	2.8	3.5	3.5	3.5	4.2	6.0	9.7	13.0	19.0	16.4	25.2	50.8	68.3	99.8

注：表中Ⅰ类指微型汽车，Ⅱ类指小型汽车，Ⅲ类指中型汽车，Ⅳ类指大型汽车，Ⅴ类指铰接车。

模块 7　交通建筑设计

图 7.11　停车场内的绿化

7.3.3　站房设计

　　站房是汽车客运站的主要建筑，在总平面布置中应突出站房的位置。站房功能分区主要包括候车、售票、行包、业务及驻站、办公等用房。随着时代的发展，交通建筑的站房由单一功能逐渐向多功能和综合性转变。如圣地亚哥·卡拉特拉瓦设计的如鸟儿翅膀似的法国里昂火车站，如图 7.12 和图 7.13 所示；英国伯明翰新街火车站站房中的扶梯引导人们去到各式各样的零售店，如图 7.14 所示；摩洛哥拉巴特火车站将商业空间、住宅单元和酒店整合在一起，有助于推动公众使用，同时达到营造优越的声环境及舒适的城市小气候的目的，如图 7.15 所示；日本建筑师隈研吾设计的巴黎圣丹尼斯普莱耶尔火车站，车站的每一层都延伸出一个公共空间，使火车站在功能上变成一个集成的综合体，如图 7.16 所示；新加坡樟宜国际机场将新加坡主要航空中心转化为集花园、零售店和娱乐设施为一体的公众集会空间，如图 7.17 所示。

图 7.12　法国里昂火车站

图 7.13　法国里昂火车站设计构思草图

图 7.14　英国伯明翰新街火车站　　　图 7.15　摩洛哥拉巴特火车站室内

图 7.16　巴黎圣丹尼斯普莱耶尔火车站

图 7.17　新加坡樟宜国际机场

1. 站房平面功能布局的形式

（1）综合厅式

综合厅式将与旅客有直接关系的候车、售票、行包、问讯等组织在一个统一的空间内，如图7.18所示。

这种布局形式可灵活划分不同的空间，候车、服务、检票等活动空间可调节使用。进入大厅一目了然，易于找到不同的功能部分。大厅开阔完整，采光通风良好，结构简单；缺点是只适宜旅客在站内短时间停留，如果旅客停留时间较长、旅客的组成复杂，这种布局就会造成各种流线的相互干扰，一般较大型的客运站不采用这种形式。

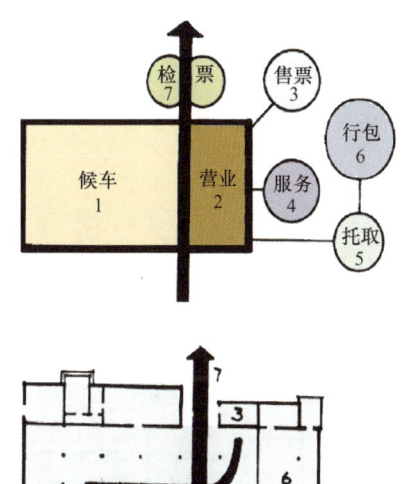

图7.18　综合厅式站房

（2）候车大厅式

候车大厅式将候车区和进站通路组织成一个大空间，构成站房的主体，将营业部分单独或分散布置在主体之外，如图7.19和图7.20所示。

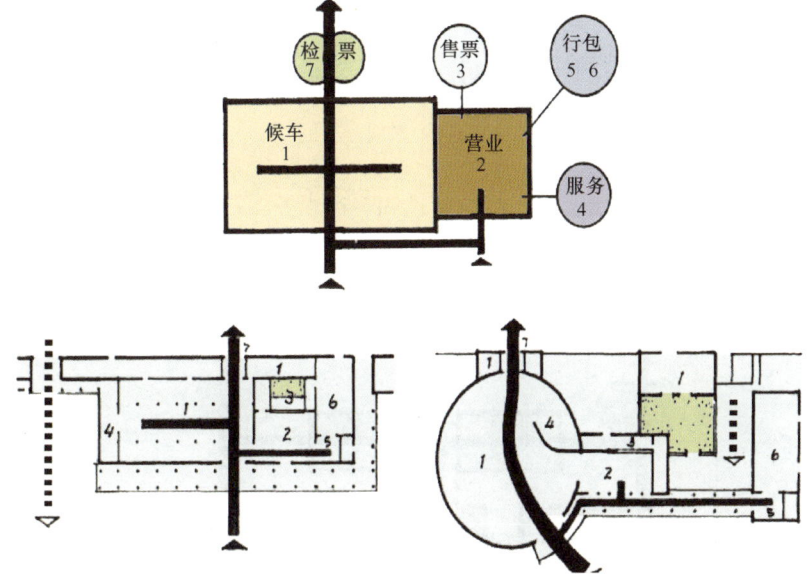

图7.19　候车大厅式站房

（3）分配广厅式

大型和特大型的客运站，为了有序组织不同车次与不同方向的旅客，避免人流过多集中和相互干扰，多采用以分配广厅为中心，围绕它布置几个候车室和营业、服务部分的平面布局。

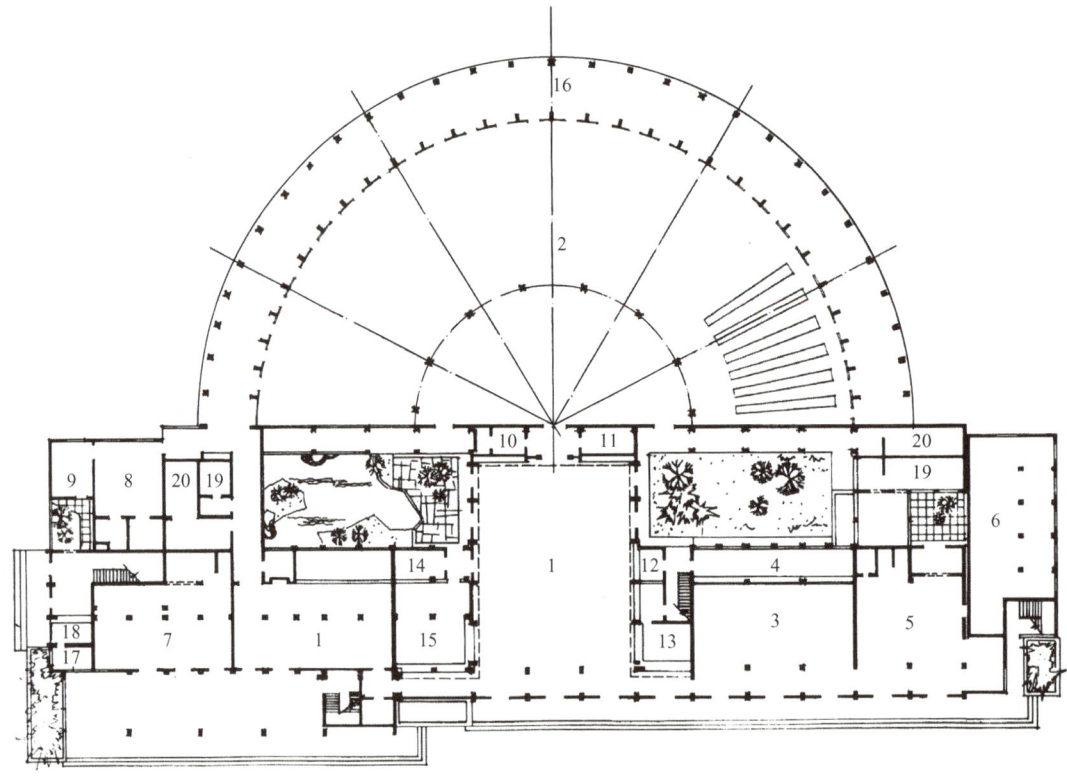

1—综合厅；2—候车厅；3—售票厅；4—售票室；5—行包托运处；6—零担；7—行包提取处；8—司助休息室；9—调度室；10—广播室；11—站务；12—问讯台；13—小卖部；14—治安室；15—小件寄存处；16—站台；17—值班室；18—服务台；19—男卫生间；20—女卫生间

图 7.20 昆明汽车客运站

这种布局形式空间划分明确，便于组织管理和客运服务，结构构造简单，通风采光易于处理。分配广厅式可按分线方式划分为竖向分配广厅式站房和横向分配广厅式站房，如图 7.21、图 7.22 所示。

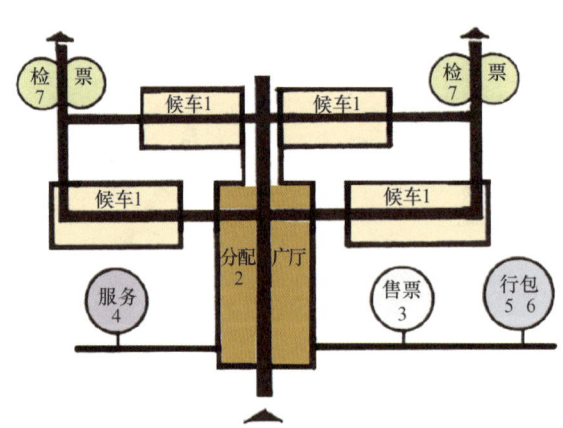

图 7.21 竖向分配广厅式站房

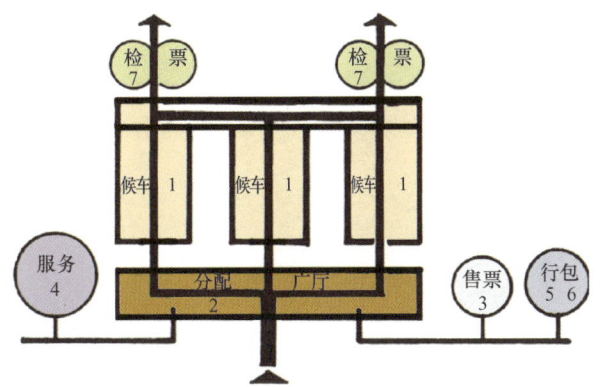

图 7.22 横向分配广厅式站房

2. 站房主要用房设计

（1）候车厅

普通候车厅的功能分区包括候车区、通行区、检票区和服务区等，各区有机结合、互不干扰，如图 7.23 所示。

目前候车形式逐渐向分散候车、小面积候车转变。由于候车形式的改变，候车厅也不再是固定的平面大空间模式，而是呈现出向分散、立体发展的趋势，如图 7.24 和图 7.25 所示，旅客可以在不同候车区域自由活动，根据自己当前的活动需要就近候车。这种候车方式要求候车厅有清晰的广播系统，随时报告旅客班车营运情况，组织方便的水平和垂直输送通道，同时也给汽车客运站的结构选型创造更多方案选择的可能。

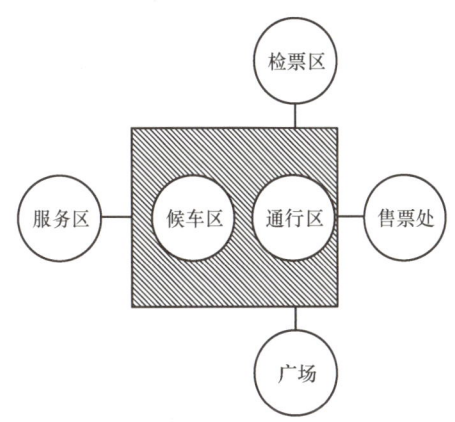

图 7.23 普通候车厅的功能分区

图 7.24 分散式候车厅

图 7.25 立体候车厅

一、二级汽车客运站还应配备专门的母子候车室，母子候车室的位置应明显易找，有单独的盥洗室、饮水处和卫生间，争取良好的朝向和自然通风，为儿童睡眠及游戏创造条件，细部设计应注意儿童安全。

候车厅应与站台紧密相连，有相当的面宽长度，以利于设置多个进站检票口，如图 7.26 所示。

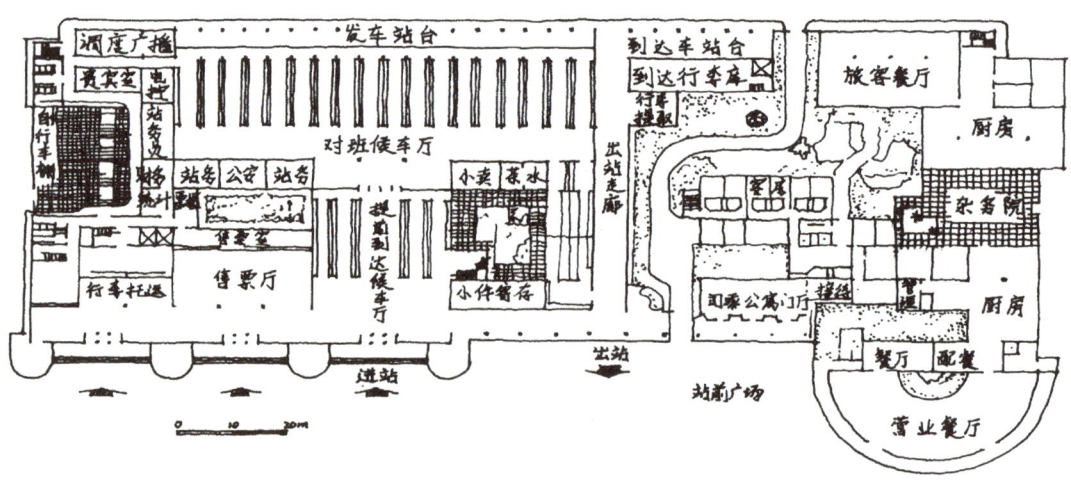

图 7.26 郑州汽车站平面草图

（2）售票处

售票处应布置在进站流线中靠前面而且明显易找的部位，见表 7.4。

表 7.4 售票处与候车厅的相对位置

简图	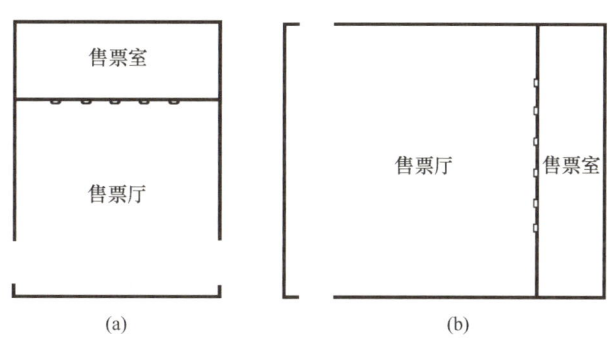		
说明	售票处位于进站厅的一侧，位置明显易找；一般单独设厅，使用方便	售票处布置在站房前部，购票候车分开，互不干扰	售票处单设，可以用连廊与候车厅连通，购票后进站与直接候车互不干扰

进行售票处的设计时，售票厅应能直接通向广场，与大厅、候车室有方便的联系，尽可能靠近行包托运处。售票室前应有足够的列队长度，售票厅出入口人流不应穿越列队，如图 7.27 和图 7.28 所示。售票窗口的数量应按旅客最高聚集人数的 1/120 设置。

图 7.27 袋形售票厅

图 7.28 售票厅实景

（3）行包房

行包房包括行包托取厅、行包托取作业处、行包仓库、行政管理和其他用房。一、二级汽车客运站应分别设置行包托运厅和行包提取厅，三级汽车客运站可合并设于同一空间内。行包房的位置如图 7.29 所示。

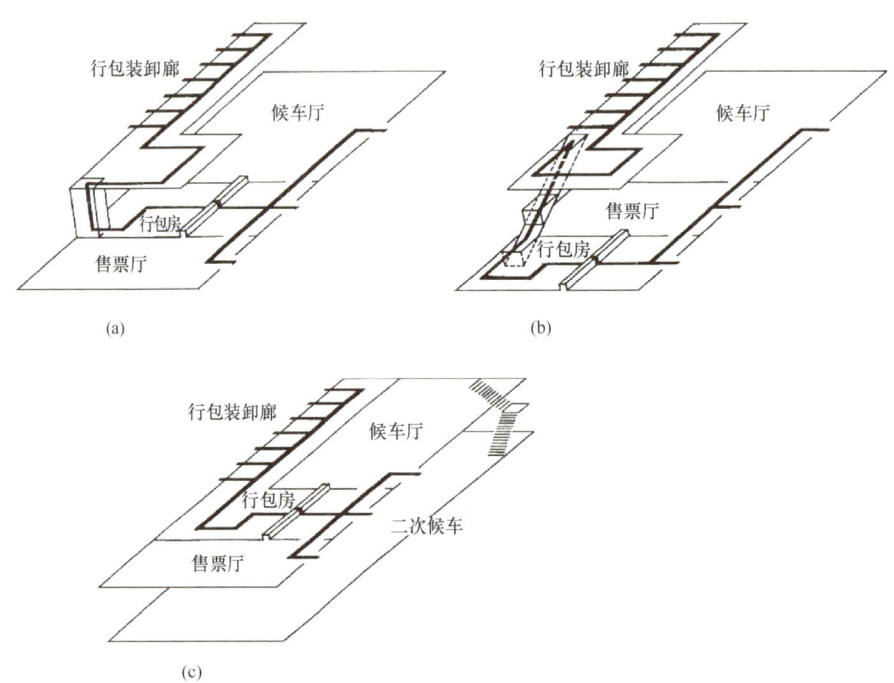

图 7.29　行包房的位置

 特别提示

随着物流业的发展，旅客行包托运业务量减少，特别是乡镇汽车客运站。目前政府推动"客货邮融合"模式，鼓励行包房与物流结合，建设快递物流共配中心，高效连接城乡，激活区域经济。

（4）站务用房和服务附属用房

站务用房应根据客运站建筑规模及使用需要设置，宜包括服务人员更衣室与值班室、广播室、补票室、调度室、客运办公用房、公安值班室、站长室、客运值班室、会议室等。客运值班室应临近候车厅，其使用面积应按最大班人数不少于 $2m^2$/人确定，且最小使用面积不应小于 $9m^2$。站房内应设广播室，且使用面积不宜小于 $8m^2$，并应有隔声、防潮和防尘措施。无监控设备的广播室宜设在便于观察候车厅、站台、发车位的部位。一、二级汽车客运站在出站口处应设补票室，补票室的使用面积不宜小于 $10m^2$，并应有防盗设施。汽车客运站调度室应邻近站台和发车位，并应设外门。一、二级汽车客运站的调度室使用面积不宜小于20m²；三级汽车客运站的调度室使用面积不宜小于10m²。公安值班室应布置在与售票厅、候车厅、站长室联系方便的位置。

服务附属用房包括问讯台（室）、小件寄存处、医务室、超市、卫生间等。问讯台（室）应邻近旅客主要出入口；问讯室使用面积不宜小于6m²，问讯台（室）前应有不小于8m²的旅客活动场地。一、二级汽车客运站站房内应设医务室；医务室应邻近候车厅，其使用面积不应小于10m²。站房内应设卫生间和盥洗室，并应设无障碍厕位，一、二级汽车客运站宜设无性别卫生间，并宜与无障碍卫生间合用；一、二、三级汽车客运站工作人员和旅客使用的卫生间应分设。卫生间及盥洗室的卫生设施应符合现行国家标准《公共厕所卫生规范》（GB/T 17217—2021）的有关规定。一、二级汽车客运站的卫生间宜分散布置，候车厅内卫生间服务半径不宜大于50m，还应在旅客出站口处设卫生间，洁具数量可根据同时到站车辆不超过4辆确定。

7.3.4 站场设计

1. 站台设计

汽车客运站必须设置站台，站台是组织、输送旅客上车的必要通道，保证了旅客在发车区的安全。站台的设计应有利于旅客上下和客车运转。

（1）站台平面布置

站台应在总平面设计时与候车、调度车道整体布置；站台应伸向每一个有效发车位；单侧站台净宽不应小于2.5m，双侧设站台时，净宽不应小于4.0m。站台平面一般与候车厅及停车场内的调度车道有关，有一字式、锯齿式、弧形、分列式，如图7.30所示。

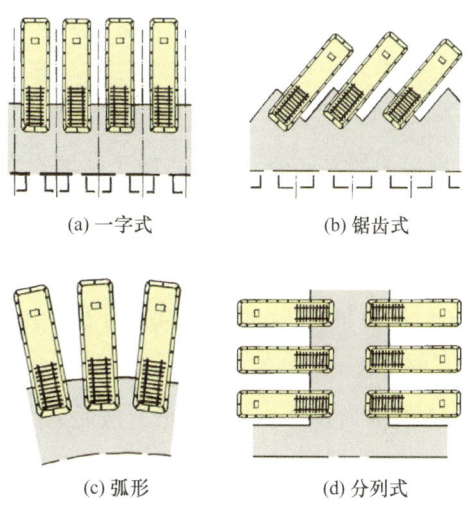

图 7.30 站台平面布置形式

（2）站台柱网、柱距

站台柱网与候车厅外墙或外墙面的壁柱外突部位间的净宽不应小于 2.5m。柱距按车宽和旅客活动空间的需要设计，不应小于 3.9m，可取倍数 7.8m，最大可取 12m。位于多层或高层建筑底部的站台，柱间净宽不应小于 3.5m。

（3）站台雨篷

发车位为露天时，站台应设置雨篷。雨篷宜能覆盖到车辆行李舱位置，雨篷净高不得低于 5m，雨篷长度应使车门置于雨篷垂直投影区内。

雨篷按构造分为支撑雨篷和悬挑雨篷。支撑雨篷有单柱、双柱支撑，如图 7.31 所示。悬挑雨篷结构体系一般应与候车厅、行包装卸廊一起整体考虑，不设支撑柱，整个有效发车区域内场地宽敞，进出车方便，可用板式悬挑，也可用筒壳、网架等结构形式。

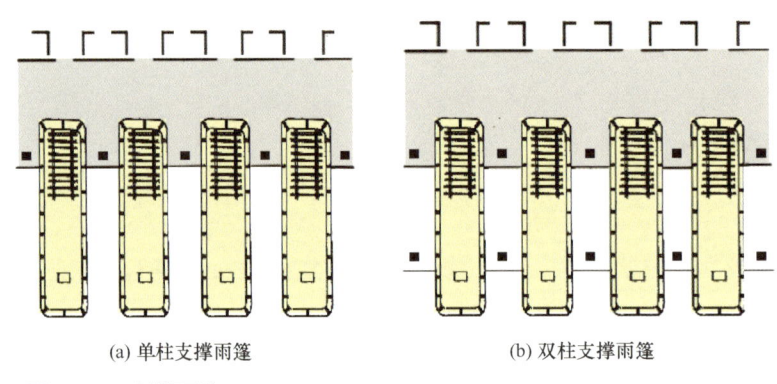

(a) 单柱支撑雨篷　　　　　　　(b) 双柱支撑雨篷

图 7.31　支撑雨篷

2. 发车位设计

汽车客运站应设置发车位，且发车位宽度不应小于 3.9m。汽车客运站发车位和停车区前的出车通道净宽不应小于 12m。发车位与站台的高差不应小于 0.15m，且应有适当坡度，一般不应小于 0.5%，坡向站场。

3. 营运停车场设计

停车场是汽车客运站占地最大的一部分，一般占整个站场的 70%～80%。营运停车场是站场内停放待发营运客车的场地，设计时应注意以下几点。

① 按不同车型分类组合，避免参差不齐，增加停车场面积。

② 营运停车场的停车数大于 50 辆时，其汽车疏散口不应少于两个，且疏散口应在不同方向设置，并应直通城市道路；停车数不超过 50 辆时，可只设一个汽车疏散口。

③ 营运停车场车位根据车行方向设计，车辆停放宜按后退停车、前进出车的行车路线合理布置停车位置。尽可能做到每辆车都能单独进出，互不干扰，以保证车辆安全、方便地出入，如图 7.32 所示。

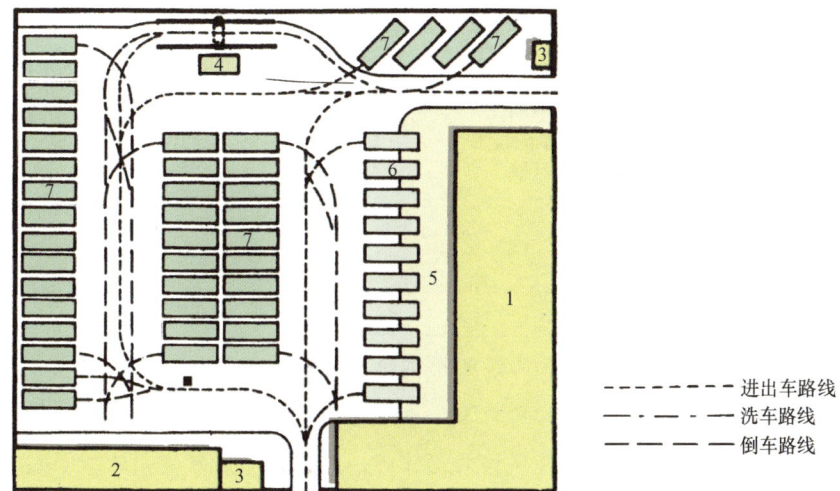

1—站房；2—辅助用房；3—门卫；4—洗车台；5—站台；6—待发车；7—停放车

图 7.32　营运停车场布置与流线

④ 营运停车场应合理布置洗车设施及检修台。通向洗车设施及检修台前的通道应为不小于 10m 的直道。

⑤ 营运停车场出入口处应有不小于 120°的视角，以便能看清楚干道上的行人与车辆。

⑥ 备班区应留出足够的缓冲以利于车辆掉头。

7.3.5　防火设计

交通建筑的防火和疏散设计应符合国家现行有关建筑防火设计标准的规定。客运站的耐火等级，一、二、三级站不应低于二级，其他站级不应低于三级，与其他建筑合建时，应单独划分防火分区。候车厅应设置足够数量的安全出口，进站检票口和出站口应具备安全疏散功能。客运站内旅客使用的疏散楼梯踏步宽度不应小于 0.28m，踏步高度不应大于 0.16m。

7.4　拓展学习

1. 瑞典韦斯特罗斯旅客中心
2. 英国特伦特河畔斯托克公交车站设计方案
3. 瑞典斯德哥尔摩新码头
4. 新深圳站交通枢纽
5. 黑龙江省龙江县公路客运北站
6. 学生作品展示（含竞赛获奖作品和 AI 辅助生成作品）

瑞典韦斯特罗斯旅客中心　　英国特伦特河畔斯托克公交车站设计方案　　瑞典斯德哥尔摩新码头　　新深圳站交通枢纽　　黑龙江省龙江县公路客运北站　　学生作品展示

 特别提示

在全球化浪潮影响下，传统建筑文化的传承与创新已经成为我国建筑师关注的热点问题。中国传统建筑是中国历史悠久的传统文化最直观的传承载体和表现形式，是我们丰富而宝贵的文化财富。在进行公共建筑风格的创作时，应深入贯彻落实党的二十大精神，坚定文化自信植根本国、本民族历史文化沃土，从城市文化、历史文脉、地域特色的角度出发，提取传统建筑形象中最具特色的部分，加以创造性转化、创新性发展，再结合现代使用需求运用到现实创作中，设计出既具文化内涵又有时代特征的建筑作品，不断推进我国人居环境焕发富有民族特色的新活力。

|模块小结|

本模块主要根据项目任务的要求，对汽车客运站建筑的设计要点和相应的规范标准进行详细的阐述，力求使学生能够运用交通建筑的相关设计知识，对交通建筑的基地条件、各种交通流线、建筑功能等进行合理分析，能够根据功能要求处理平面布局及空间组合的细节，独立完成交通建筑的方案构思和表达。

模块 8

高层办公建筑设计

教学目标

通过本模块的学习，学生应了解高层办公建筑的设计要点和相关规范；通过项目设计训练，学会在小地块中处理高容积率的方法，并从中建立起正确的设计观念，强化建筑以人为本的思想，创造具有文化内涵和人文关怀的空间环境；训练和培养处理好高层办公建筑功能、造型、消防、交通等问题的能力，努力设计出具有创新性和时代性的建筑作品。

教学要求

能力目标	知识要点	权 重
能够掌握高层办公建筑的相关规范	《办公建筑设计标准》（JGJ/T 67—2019）、《建筑防火通用规范》（GB 55037—2022）	10%
能够运用高层建筑的设计方法，进行方案构思、比较及选择	高层建筑的设计要点	60%
有能力运用各种科学方法收集资料，进行调查研究	城市中优秀高层办公建筑的调研分析	10%
具备精确绘制设计方案不同阶段图纸的表达能力	平面图、立面图、剖面图、建筑模型、效果图、分析图的绘制，造型设计等	20%

8.1 任务提出：科创办公中心设计

1. 设计任务

随着我国经济社会高质量发展进程的加速推进，土地资源价值呈现几何级数增长态势，高层化、集约化已然成为现代城市空间发展的必然选择。在此背景下，浙江大学立足学科创新前沿，计划在紫金港校区打造一座总建筑面积达 15000m² 的科创办公中心，该建筑将构建尖端技术研发、科技成果转化、国际学术交流三位一体的智慧创新生态圈。

2. 设计内容

科创办公中心的空间组成及建筑面积见表 8.1。

表 8.1 科创办公中心的空间组成及建筑面积

名称	房间面积 /m²	数量	总面积 /m²	备注
门厅			自定	含咨询、休息等功能
值班室	50	1	50	含监控室、快递寄存
接待室	50	2	100	含独立卫生间
管理办公室	30	2	60	
管理办公室	60	1	60	大开间
业务洽谈室	30	5	150	
资料阅览室	150	1	150	开架阅览、电子阅览
展示中心	200	1	200	产品及成果展示、演示
小会议室	30	8	240	
中会议室	60	2	120	
多功能厅	200	1	200	
报告厅	600	1	600	大型会议、学术报告、讲座等
茶座、咖啡厅	200	1	200	
健身娱乐单元	200	1	200	健身器械、乒乓球等
研发办公单元	300	20	6000	
研发办公单元	450	2	900	复式
交往空间		若干	自定	
餐厅	1000	1	1000	含厨房
辅助用房		若干	600	卫生间、储物间、茶水间等
交通与核心筒			自定	
配电间	20	1	20	
空调机房	50	1	50	
消防控制室	20	1	20	
水泵房	20	1	20	
合计			15000	

3. 设计要求

① 建筑高度不超过 50m。

② 科创办公中心要体现科研办公建筑的文化内涵和人文关怀,能够为科研人员提供具有创造力的空间和环境,激发他们的创造思维。

③ 建筑方案的选择要做到充分考虑使用功能的特点,满足功能的要求,合理处理功能分区、垂直和水平交通联系、消防疏散等各方面的问题。

④ 设计可持续性发展的建筑,考虑太阳能板、绿色屋顶、节能材料等,以减少能源消耗和环境影响。

⑤ 使用多种设计手法,充分利用基地周边良好的生态环境条件,建筑美学设计要与校园风格相协调,同时体现科技创新感,运用现代简约的设计语言,结合自然元素,打造一座既实用又有视觉冲击力的地标建筑。

4. 地形及技术条件

项目选址于浙江大学紫金港校区景观区域,坐拥得天独厚的生态环境禀赋:基地内原生水系蜿蜒如碧玉丝带,乔木群落形成天然生态屏障。项目设计地形图如图 8.1 所示。

地形图 CAD

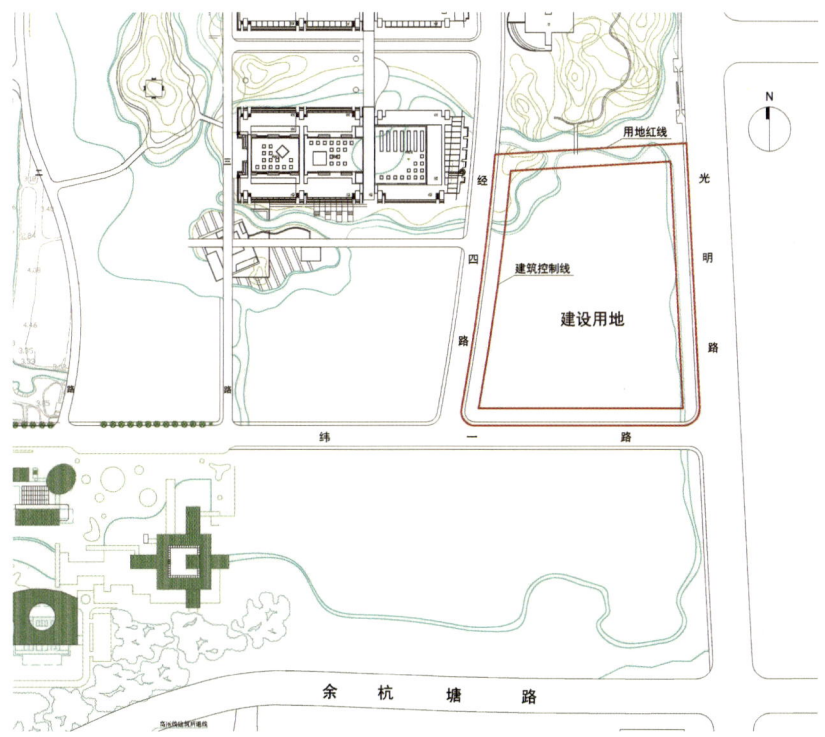

图 8.1 项目设计地形图

8.2　任务目标：图纸成果要求

设计文件的编制，必须符合我国现行的建筑工程建设标准、设计规范、制图标准和有关规定，并根据设计任务书的要求进行编制。设计文件的深度要求如下。

① 建筑方案平面图：建筑总平面图（1∶500），建筑各层平面图（1∶200）。建筑总平面图、各层平面图均应标明各功能分区及用房名称，并注明轴网、建筑平面轮廓及重要功能房间、区域的尺寸。

② 交通组织分析图：应分清人流出入口和地上地下交通组织情况，应分清各种人员的交通组织线路。

③ 建筑剖面图：选择可以反映室内各层空间高度变化、室内外高差的位置绘制剖面图，同时应尽可能清楚地传达结构体系信息。

④ 建筑立面图：彩色立面渲染图，反映建筑立面特征，标注总高度及主要标高。

⑤ 透视图：应提供不同角度的彩色透视图，图纸应能全面、真实地体现建筑的体量、造型、材质、色彩及尺度。

⑥ 设计说明：简述设计构思和方案特点，同时对有关技术经济指标及参数，如建筑总面积和各功能分区的面积、层高和建筑总高度等进行列表说明。

8.3　任务实施：设计要点分析

高层办公建筑分为普通办公楼、公寓式办公楼、酒店式办公楼、综合楼、商务写字楼等模式。设计应依据使用要求分类，并应符合表 8.2 的规定。

表 8.2　办公建筑分类

类　别	示　例	设计使用年限	耐火等级
A 类	特别重要的办公建筑	100 年或 50 年	一级
B 类	重要办公建筑	50 年	一级
C 类	普通办公建筑	50 年或 25 年	不低于二级

8.3.1　高层办公建筑总体设计

1. 总平面布置

① 总平面布置应考虑环境与绿化设计。合理设置绿化用地，合理选择绿化方式。宜设置屋顶绿化与室内绿化，营造舒适环境。

② 基地内应合理设置机动车和非机动车停放场地（库）。机动车和非机动车泊位配置应符合国家相关规定；当无相关要求时，机动车配置泊位不得少于 0.6 辆 /100m^2，非机动车配置泊位不得少于 1.2 辆 /100m^2。

③ 总平面布置应功能组织合理、建筑组合紧凑、服务资源共享，并宜留有发展余地，如图 8.2 所示。

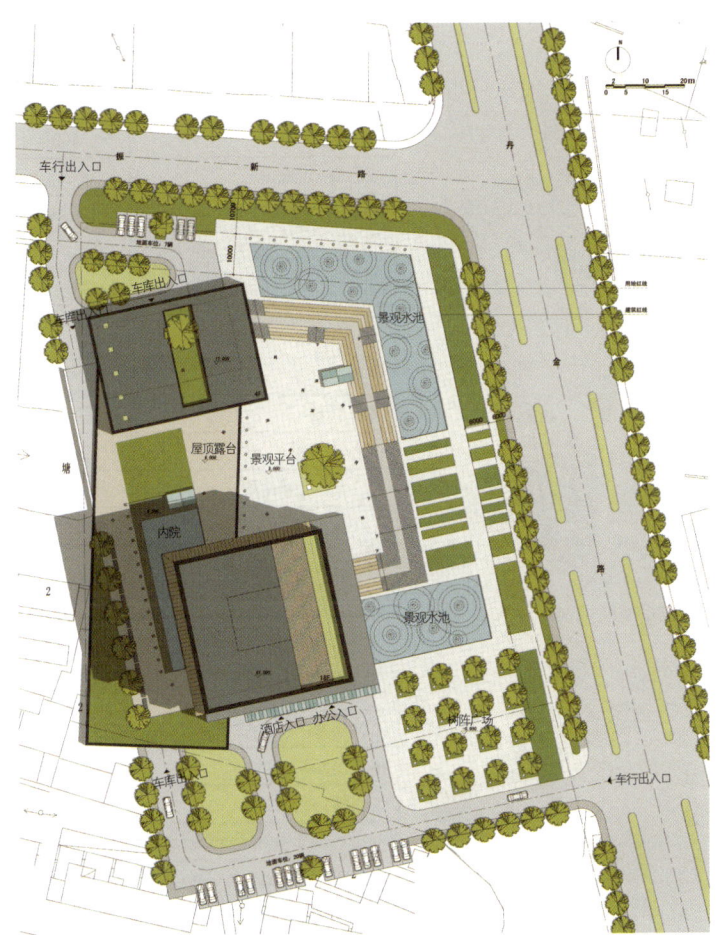

图 8.2　某高层办公建筑总平面图

2. 建筑覆盖率及容积率

办公建筑基地覆盖率一般应为 25%～40%。高层建筑容积率一般为 3～5，用地紧张的地区，容积率应按当地规划部门的规定确定。

3. 得房率

得房率是业主关注的首要问题，特别是购买型客户。容积率一定（即建筑面积一定）的情况下，标准层面积不同对得房率及建筑体量均会造成一定影响，研究数据如图 8.3 所示。

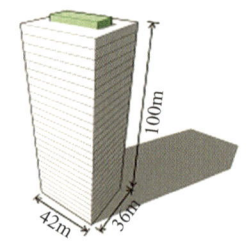

标准层尺寸	36m×42m
建筑层数	23层(100m)
核心筒面积	≈320m²
核心筒+走廊面积	≈450m²
得房率 1-核心筒/标准层	≈78%
得房率 1-(核心筒+走廊)/标准层	≈70%

标准层面积 1500m²

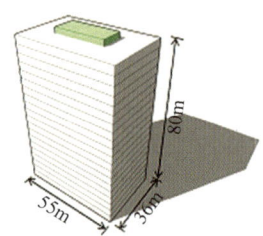

标准层尺寸	36m×55m
建筑层数	18层(80m)
核心筒面积	≈350m²
核心筒+走廊面积	≈500m²
得房率 1-核心筒/标准层	≈82%
得房率 1-(核心筒+走廊)/标准层	≈75%

标准层面积 2000m²

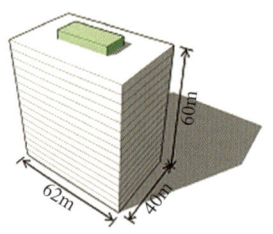

标准层尺寸	40m×62m
建筑层数	14层(60m)
核心筒面积	≈370m²
核心筒+走廊面积	≈550m²
得房率 1-核心筒/标准层	≈85%
得房率 1-(核心筒+走廊)/标准层	≈78%

标准层面积 2500m²

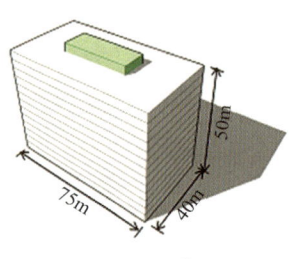

标准层尺寸	40m×75m
建筑层数	12层(50m)
核心筒面积	≈400m²
核心筒+走廊面积	≈700m²
得房率 1-核心筒/标准层	≈86%
得房率 1-(核心筒+走廊)/标准层	≈76%

标准层面积 3000m²

图 8.3 标准层面积对得房率的影响

4. 流线设计

高层办公建筑具有空间特殊性，且通常复合多种功能于一体，因此高层办公建筑的人流与货流比普通多层商业建筑或普通高层住宅要复杂，在设计时要注意区分不同人员及车辆的流线。人流可分为访客流线、员工流线、后勤流线三类，车流可分为访客流线、员工流线、货车流线、消防流线四类，图 8.4 体现了不同流线及其相应的影响因素。

高层办公建筑场地内应设独立落客区，宽度应满足双车道要求，避免造成入口前的交通拥挤。若场地紧张，无法设立独立落客区，则一般沿路设置港湾式停靠点，如图 8.5 和图 8.6 所示。

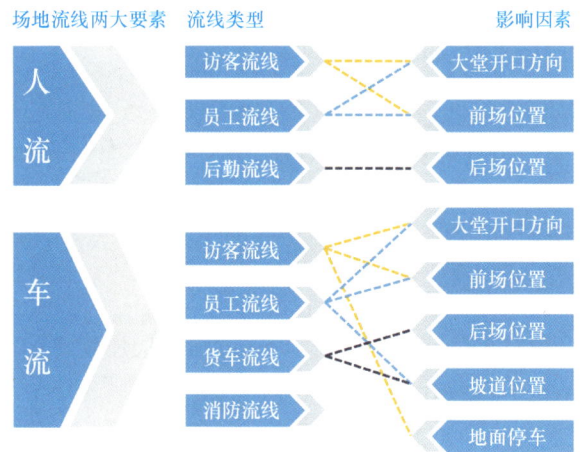

图 8.4　高层办公建筑流线及影响因素

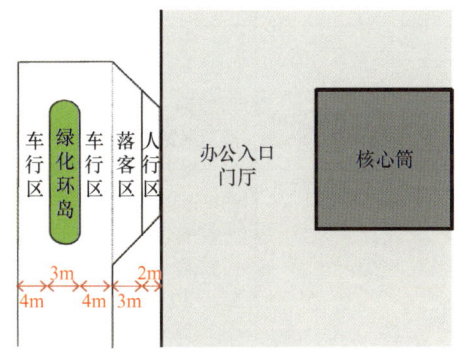

图 8.5　环岛式落客区示意

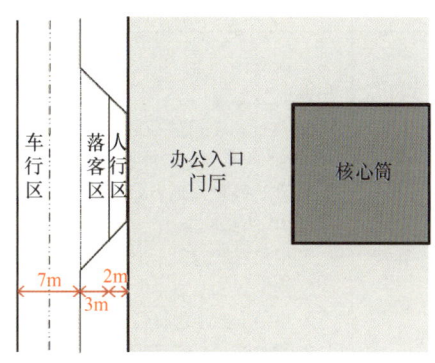

图 8.6　直行式落客区示意

8.3.2　安全消防设计

1. 总平面布置

（1）一般要求

高层办公建筑基地至少要有一个出入口与城市道路相连，地下车库出入口应与城市道路设有缓冲距离，同时确保与城市交叉口红线距离大于 70m。

（2）消防车道

除受环境地理条件限制只能设置一条消防车道的公共建筑外，其他高层公共建筑应至少沿建筑的两条长边设置消防车道。当建筑仅设置一条消防车道时，该消防车道应位于建筑的消防车登高操作场地一侧。消防车道的净宽度和净空高度应满足消防车通行的要求，转弯半径应满足消防车转弯的要求；消防车道与建筑外墙的水平距离应满足消防车安全通行的要求，位于建筑消防扑救面一侧兼作消防救援场地的消防车道应满足消防救援作业的要求。长度大于40m的尽头式消防车道应设置满足消防车回转要求的场地或道路。

（3）消防车登高操作场地

高层建筑应至少沿其一条长边设置消防车登高操作场地。未连续布置的消防车登高操作场地，应保证消防车的救援作业范围能覆盖该建筑的全部消防扑救面。

2. 建筑单体防火设计

（1）建筑耐火等级

我国目前将高层民用建筑分成两类，见表8.3。高层民用建筑耐火等级应为一、二级，其建筑构件的燃烧性能和耐火极限应不低于国家规范规定。

表8.3 高层民用建筑分类

名　　称	一　　类	二　　类
住宅建筑	18层以上的住宅	10～18层的住宅
公共建筑	1. 医院； 2. 高级旅馆； 3. 建筑高度超过50m或24m以上部分的任一楼层的建筑面积超过1000m^{2}的商业楼、展览楼、综合楼、电信楼、财贸金融楼； 4. 建筑高度超过50m或24m以上部分的任一楼层的建筑面积超过1500m^{2}的商住楼； 5. 中央级和省级（含计划单列市）广播电视楼； 6. 网局级和省级（含计划单列市）电力调度楼； 7. 省级（含计划单列市）邮政楼、防灾指挥调度楼； 8. 藏书超过100万册的图书馆、书库； 9. 重要的办公楼、档案楼、科研楼； 10. 建筑高度超过50m的教学楼和普通的旅馆、办公楼、科研楼、档案楼	1. 除一类建筑以外的商业楼、展览楼、综合楼、电信楼、财贸金融楼、商住楼、图书馆、书库； 2. 省级以下的邮政楼、防灾指挥调度楼、广播电视楼、电力调度楼； 3. 建筑高度不超过50m的教学楼和普通的旅馆、办公楼、科研楼、档案楼等

（2）防火分区

高层办公建筑每个防火分区的最大允许建筑面积为1500m^2。当防火分区全部设置自动灭火系统时，上述面积可以增加1.0倍；当局部设置自动灭火系统时，可按该局部区域建筑面积的1/2计入所在防火分区的总建筑面积。

（3）安全疏散距离

高层办公建筑的安全疏散距离应参见《建筑防火通用规范》中的有关规定进行设计。

8.3.3 高层办公楼平面设计

1. 办公楼的一般规定

（1）标准层与裙房

标准层面积基本占整个办公楼面积的一半以上，是高层办公楼最为重要的部分。其他楼层和各个房间多以标准层为依据而进行设计。裙房由于人流量较大，其占地面积大于标准层。标准层和裙房在高层办公楼中的相对位置如图 8.7 所示。

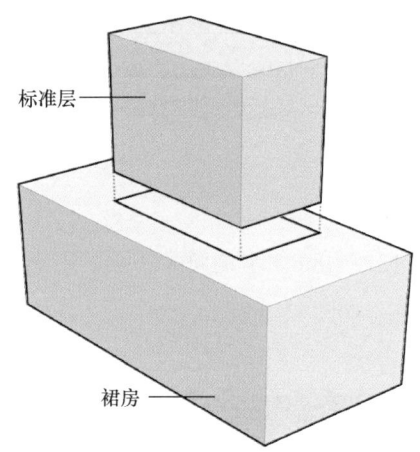

图 8.7　标准层和裙房在高层办公楼中的相对位置

（2）核心筒

标准层构思时，要将以下两个空间综合考虑：一是办公空间，二是核心筒。核心筒集中了如电梯井、楼梯、洗手间和设备管井等垂直方向重复通用的要素。通过将核心筒和办公空间进行不同组合，可以产生出各种各样的标准层平面形式。根据核心筒的位置，可以将平面形式分为中央式、双侧筒式、单侧筒式和外筒式四大类。

① 中央式。

中央式平面的办公室进深一般为 9～15m。这种平面形式适合楼层较高的建筑，办公空间连贯性强，交通线短，具有灵活可变性与较大的有效楼层面积，建筑没有偏心，利于结构布置，如图 8.8 所示。

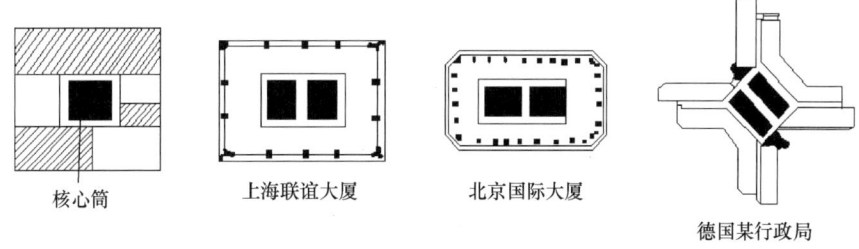

图 8.8　中央式平面示意与示例

② 双侧筒式。

双侧筒式平面的办公室进深一般为 20～25m。该平面具有以下特征：能保证有一个较大的空间，保证办公空间两侧采光；在楼层分割布置时需要设置走廊，降低了建筑面积的有效使用率；在两侧设置楼梯，能保证双向避难疏导，有利于防火。双侧筒式平面示意与示例如图 8.9 所示。

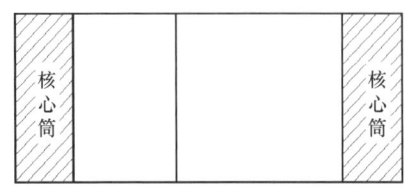
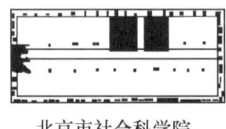
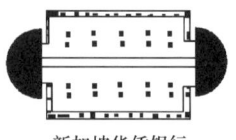

图 8.9 双侧筒式平面示意与示例

③ 单侧筒式。

单侧筒式平面的办公室进深为 12～18m。单侧筒式一般适用于中小规模的建筑，建筑偏心较大，需要在结构上采取相应措施，如图 8.10 所示。

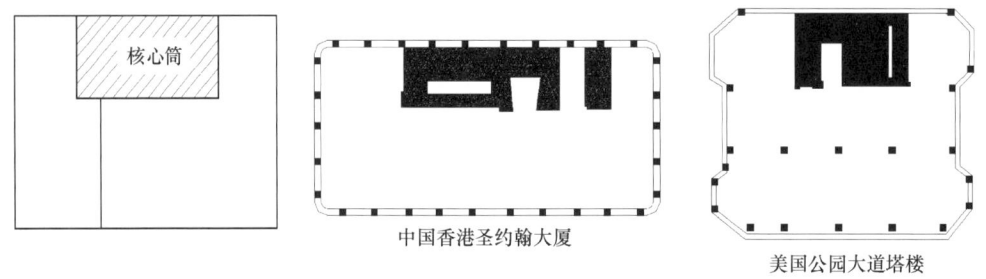

图 8.10 单侧筒式平面示意与示例

④ 外筒式。

外筒式平面的办公室进深为 12～18m。外筒式平面的使用空间较为规整，但由于设备管道和配管要从核心筒引到办公室，因此在结构方面受到限制，如图 8.11 所示。

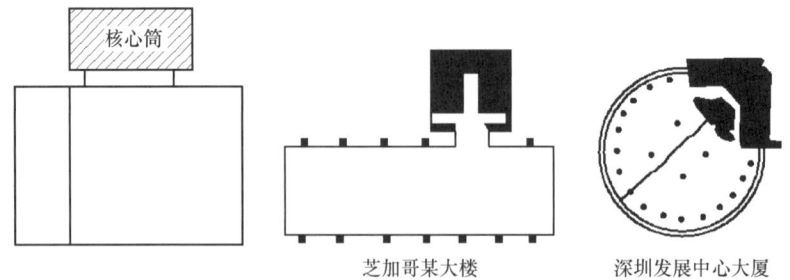

图 8.11 外筒式平面示意与示例

高层办公建筑标准层平面形状与构成还有其他变形和组合形，具体如图 8.12 所示。

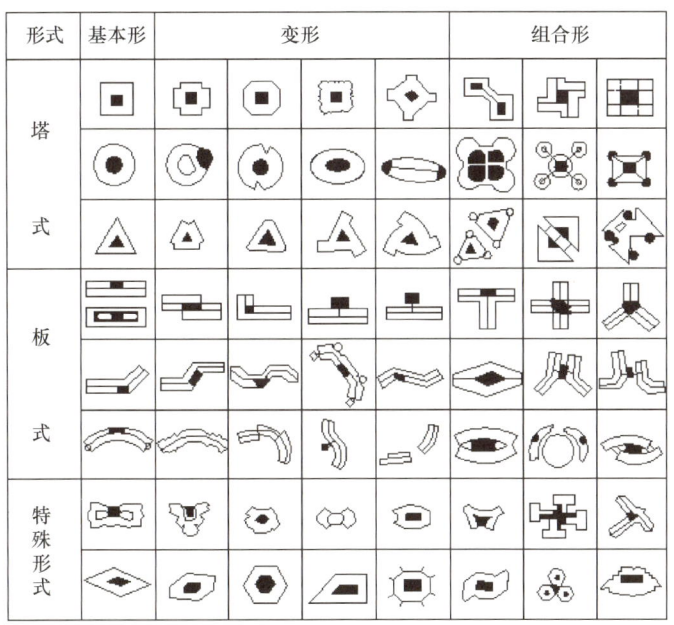

图 8.12 高层办公建筑标准层平面形状与构成

（3）电梯

5层以上办公楼应设电梯。电梯是高层办公楼的主要垂直交通设施，候梯厅和电梯厅是办公楼中使用频率较高的区域，也是彰显办公楼档次的区域，其尺度及装修是建筑师应该关注的重点。

① 候梯厅净深度。

电梯单侧布置时，单侧排列电梯不宜超过4台，候梯厅净深度 W 不应小于电梯轿厢进深 D 的1.5倍，电梯群为4台时，候梯厅净深度 >2.4m；电梯双侧布置时，双侧排列电梯每一侧均不宜超过4台，候梯厅净深度不应小于对列电梯轿厢进深之和（$2D$）且 <4.5m，如图8.13所示。

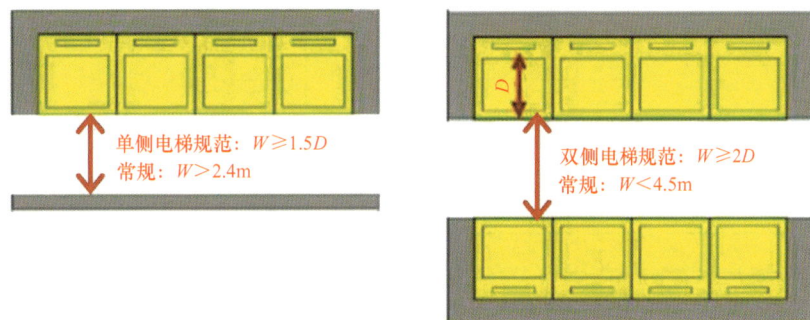

图 8.13 候梯厅净深度

② 电梯厅净高度。

电梯厅高宽比 H/W 为 1～1.5 时，电梯厅高度宜为 3.6～5.0m，在首层候梯厅内人数密集的情况下，电梯厅净高度低于 3.6m，则人在平视时视线所及范围会使人感觉压抑、不舒适；电梯厅高宽比为 1.5～2.0 时为黄金比例，在首层候梯厅人数密集的情况下，电梯厅尺度适宜，不会过于压抑也不会过于高耸；电梯厅高宽比大于 2.0 时，电梯厅空间高耸，使人失去对高度的感觉，仅留对宽度的感知，容易显得空间狭窄。电梯厅高宽比示意如图 8.14 所示。

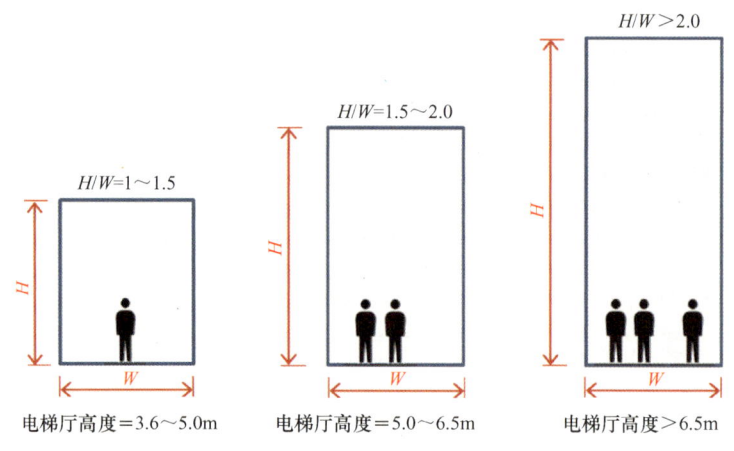

图 8.14　电梯厅高宽比示意

③ 电梯服务方式。

a. 全程服务。即一组电梯在建筑的每一层均停靠开门。

b. 分区服务。在一般高层办公楼中，可采用奇数、偶数层分开停靠的方式；在超高层办公楼中，通常将电梯服务层分区分段，以充分利用电梯的输送能力；也有的在建筑上部设置转换厅，以接力方式为上区服务。高层电梯分区服务方式如图 8.15 所示。

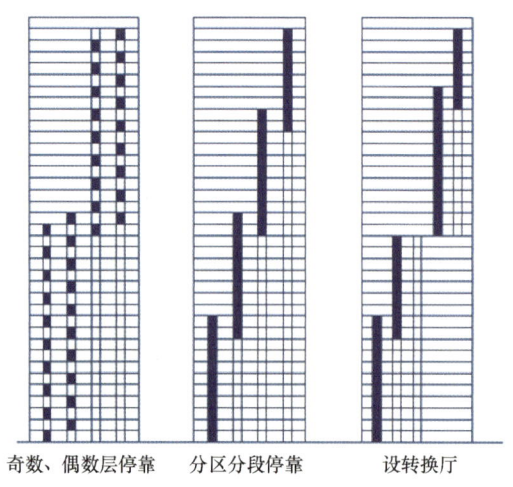

图 8.15　高层电梯分区服务方式

④ 电梯分区分段标准。

a. 10层以下的办公楼采用全程服务，10层及以上或建筑高度超过75m的办公楼采用分区服务。

b. 分区时应考虑乘客在电梯厅内停留的时间标准。美国规定电梯行程时间小于1min为"较理想"，75s为"尚可"，120s为"极限"；英国规定电梯行程时间应控制在60~90s；我国宜酌情采用。

 国家规范提示

《建筑防火通用规范》

2.2.6 除城市综合管廊、交通隧道和室内无车道且无人员停留的机械式汽车库可不设置消防电梯外，下列建筑均应设置消防电梯，且每个防火分区可供使用的消防电梯不应少于1部：

一类高层公共建筑，建筑高度大于32m的二类高层公共建筑。（非公共建筑的内容此处省略）

2.2.8 除仓库连廊、冷库穿堂和筒仓工作塔内的消防电梯可不设置前室外，其他建筑内的消防电梯均应设置前室。消防电梯的前室应符合下列规定：

1. 前室在首层应直通室外或经专用通道通向室外，该通道与相邻区域之间应采取防火分隔措施。

2. 前室的使用面积不应小于6.0m²，合用前室的使用面积应符合本规范第7.1.8条的规定；前室的短边不应小于2.4m。

3. 前室或合用前室应采用防火门和耐火极限不低于2.00h的防火隔墙与其他部位分隔。除兼作消防电梯的货梯前室无法设置防火门的开口可采用防火卷帘分隔外，不应采用防火卷帘或防火玻璃墙等方式替代防火隔墙。

7.4.4 下列公共建筑的室内疏散楼梯应为防烟楼梯间：

1. 一类高层公共建筑；

2. 建筑高度大于32m的二类高层公共建筑。

7.1.8 室内疏散楼梯间应符合下列规定：

防烟楼梯间前室的使用面积，公共建筑、高层厂房、高层仓库、平时使用的人民防空工程及其他地下工程，不应小于6.0m²；住宅建筑，不应小于4.5m²。与消防电梯前室合用的前室的使用面积，公共建筑、高层厂房、高层仓库、平时使用的人民防空工程及其他地下工程，不应小于10.0m²；住宅建筑，不应小于6.0m²。（其他省略）

（4）窗

高层办公楼的窗应按以下规定进行设计。

① 底层及半地下室外窗宜采取安全防范措施。

② 高层及超高层办公楼采用玻璃幕墙时应设有清洁设施，并必须有可开启部分，或设有通风换气装置。

③ 外窗不宜过大，可开启面积不应小于窗面积的 30%，并应有良好的气密性、水密性和保温隔热性，满足节能要求。全空调办公楼外窗开启面积应满足火灾排烟和自然通风要求。

（5）门

高层办公楼的门应按以下规定进行设计。

① 门洞口宽度不应小于 1.00m，高度不应小于 2.10m。

② 机要办公室、财务办公室、重要档案库、贵重仪表间和计算机中心的门应采取防盗措施，室内宜设防盗报警装置。

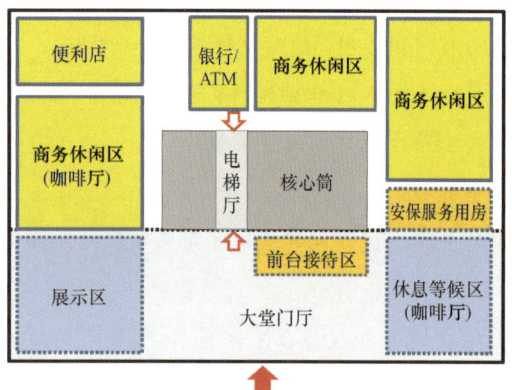

图 8.16　办公楼首层大堂功能示意

（6）大堂

办公楼大堂是室外到室内的缓冲空间，是访客、使用者、物业管理者等多类人流汇集的公共区域。大堂内可附设前台、收发、会客、服务、问讯、展示等功能房间（场所），根据使用要求也可设商务中心、咖啡厅、警卫室、衣帽间、电话间等，如图 8.16 所示。

大堂的设计应符合以下要求。

① 楼梯、电梯厅宜与大堂邻近，并应满足防火疏散的要求。

② 严寒和寒冷地区的大堂应设门斗或其他防寒设施。

③ 有中庭空间的大堂应组织好人流交通，并满足国家现行防火规范规定的防火疏散要求。

④ 大堂的平面形式可根据面积分为经济型、中端型、中高端型、高端型四类。以标准层面积 2000m²、尺寸 40m×50m 的标准平面作为研究对象，大堂可设计为单门厅和双门厅等形式，可按图 8.17 所示的标准进行大堂的设计。

（7）走道

走道的宽度应满足防火疏散要求，最小净宽应符合表 8.4 的规定。

表 8.4　走道最小净宽

走道长度 /m	走道最小净宽 /m	
	单面布房	双面布房
≤40	1.30	1.50
>40	1.50	1.80

注：高层内筒结构的回廊式走道最小净宽同单面布房走道。

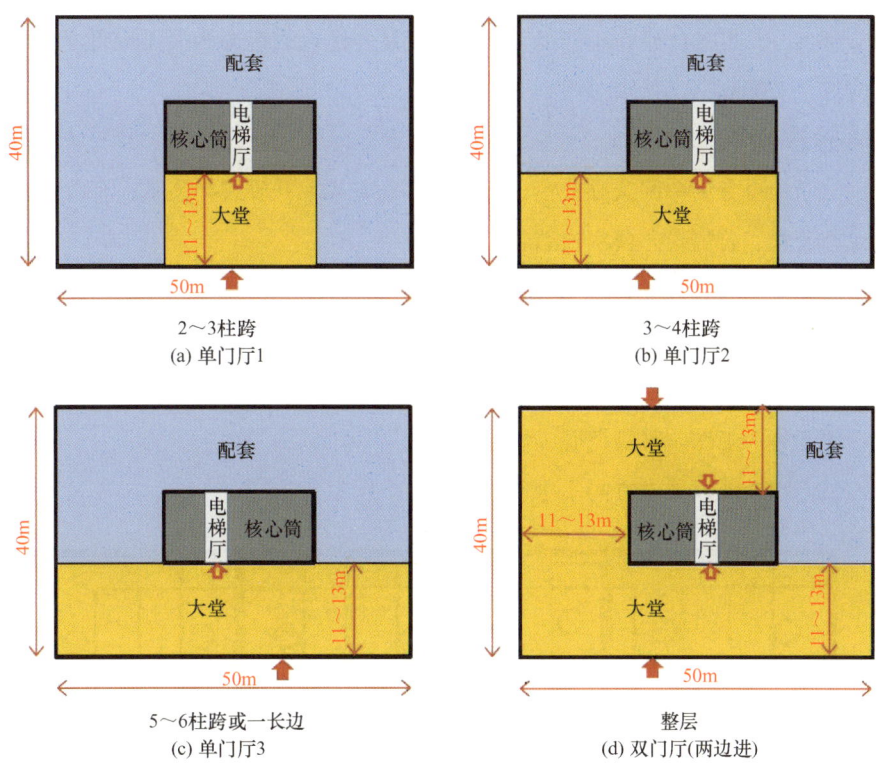

图 8.17 办公楼首层大堂平面形式示意

走道高差较大时可设置台阶；高差不足两级踏步时不应设置台阶，应设坡道，其坡度不宜大于 1∶8。

（8）其他规定

① 根据办公室使用要求，开放式办公室的楼地面宜按家具位置埋设弱电和强电插座；大中型计算机房的楼地面宜采用架空防静电地板。

② 办公建筑应进行无障碍设计，并应符合现行国家标准《建筑与市政工程无障碍通用规范》（GB 55019—2021）的规定。

③ 特殊、重要的办公建筑主楼的正下方不宜设置地下汽车库。

2. 办公楼的办公室设计

（1）办公室面积

普通办公室每人使用面积不应小于 $6m^2$，单间办公室使用面积不宜小于 $10m^2$。作为办公空间和生活服务空间的办公室面积应按 $10\sim 20m^2$/人设计。一般来说，与经营有关的业务的办公室面积较小，而设计开发部门的办公室面积较大。另外，公司自用楼的办公室每人使用面积要比出租楼大一些。

（2）办公室净高

根据办公建筑分类，办公室的净高应满足：一类办公建筑不应低于 2.70m，二类办公建筑不应低于2.60m，三类办公建筑不应低于2.50m。办公建筑的走廊净高不应低于2.20m，储藏间净高不应低于2.00m。

（3）办公室的布局

办公室的布局可分为单间式办公室、开放式办公室或半开放式办公室；有特殊需要时可设计成单元式办公室、公寓式办公室或酒店式办公室。

（4）办公室桌椅布置

办公室桌椅布置有对面式、单列式、自由式和大空间式等，其优缺点各不相同。

① 对面式（图8.18）。

优点：便于集中工作，容易把握工作状态。

缺点：私密性较低，采光方向不尽合理，相互干扰多。

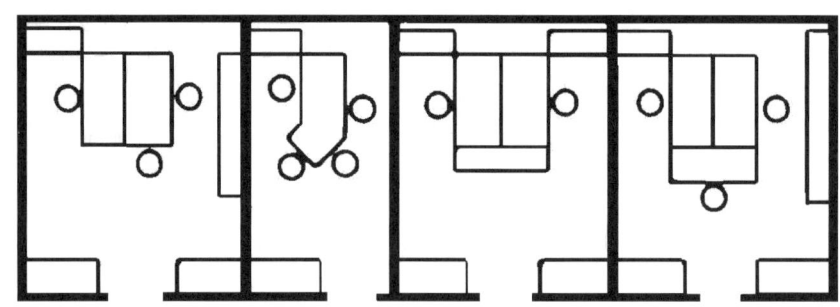

图8.18 办公室桌椅布置——对面式

② 单列式（图8.19）。

优点：互相干扰少，来访者不会妨碍大多数人的工作。

缺点：办公人员沟通不便，部门管理不够集中。

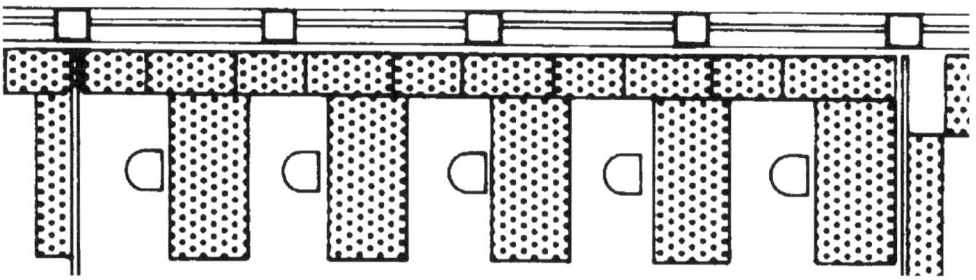

图8.19 办公室桌椅布置——单列式

③ 自由式（图8.20）。

优点：可按工作关系自由调整，可节约公用走廊。

缺点：易有噪声干扰，插座布置有难度。

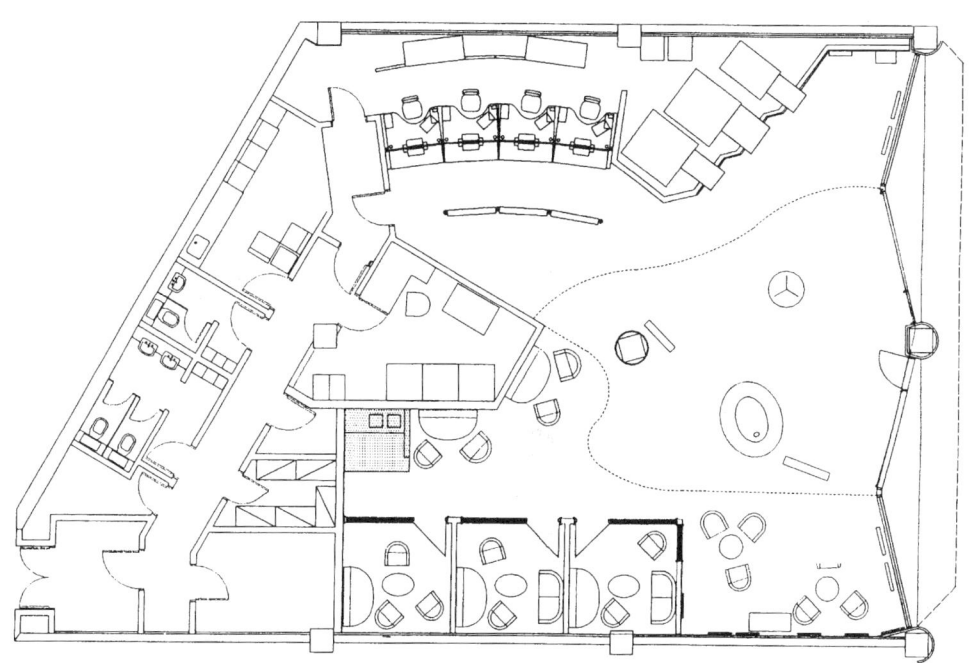

图 8.20　办公室桌椅布置——自由式（景观办公室）

④ 大空间式（图 8.21）。

优点：可适用于不同办公模式，易于分割，可节约公用走廊。

缺点：易有噪声干扰，私密性较低。

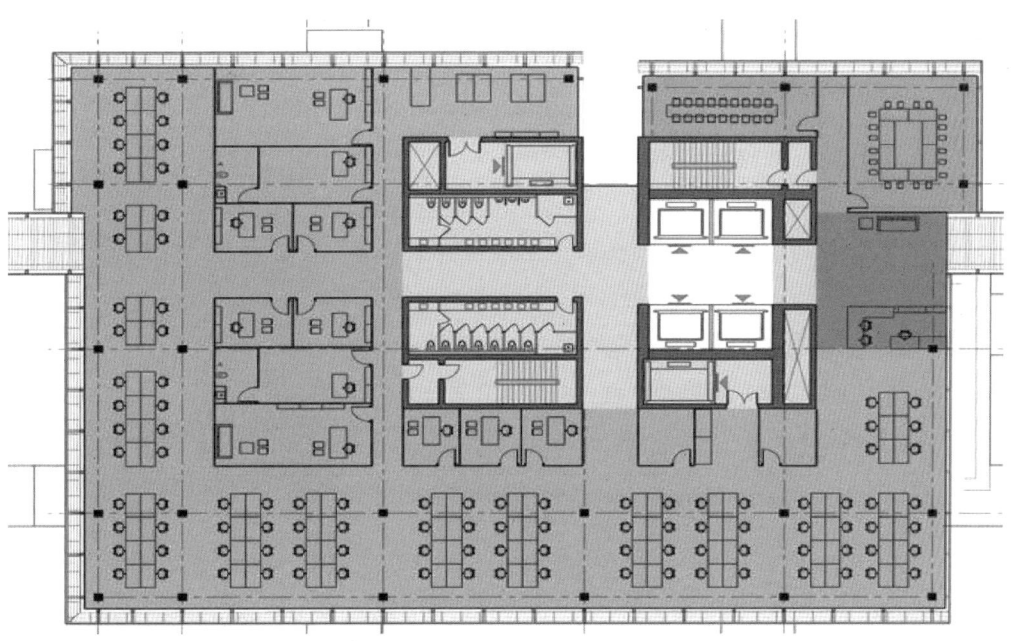

图 8.21　办公室桌椅布置——大空间式

3. 办公楼的公共用房设计

办公楼的公共用房包括会议室、接待室、陈列室、公共卫生间、开水间等。

（1）会议室

会议室根据需要可分设小会议室、中会议室和大会议室。

小、中会议室可分散布置。小会议室使用面积不宜小于 $30m^2$，中会议室使用面积不宜小于 $60m^2$；有会议桌的小、中会议室每人使用面积不应小于 $2.0m^2$，无会议桌的不应小于 $1.0m^2$。大会议室应根据使用人数和桌椅设置情况确定使用面积，平面长宽比不宜大于 2∶1，宜有扩声、放映、投影、灯光控制等设施，并应有隔声、吸声和外窗遮光措施。大会议室所在层数、面积和安全出口的设置等应符合国家现行有关防火规范的要求。

此外，会议室还应根据需要设置相应的储藏及服务空间。

（2）接待室

应根据需要和使用要求设置接待室。专用接待室应靠近使用部门；行政办公建筑的群众来访接待室宜靠近基地出入口，与主体建筑分开单独设置。

接待室内宜设置专用茶具室、洗消室、卫生间和储藏空间等。

（3）陈列室

应根据需要和使用要求设置陈列室。专用陈列室为保证良好的陈列效果应进行照明设计，避免阳光直射及眩光，外窗宜设遮光设施。可利用会议室、接待室、走廊、过厅等部分面积或墙面兼作陈列空间。

（4）公共卫生间

公共卫生间的设计应符合下列要求。

① 对外的公共卫生间应设供残疾人使用的专用设施。

② 公共卫生间距离最远工作点不应大于 50m。

③ 应设前室。公共卫生间的门不宜直接开向办公室、门厅、电梯厅等主要公共空间。

④ 宜有天然采光通风。条件不允许时，应有机械通风措施。

⑤ 卫生间洁具数量应符合现行国家标准《公共厕所卫生规范》（GB/T 17217—2021）的规定。每间公共卫生间大便器三具以上者，其中一具宜为坐式大便器。

（5）开水间

开水间的设计应符合下列要求。

① 宜分层或分区设置。

② 宜直接采光通风，条件不允许时应有机械通风措施。

③ 应设置洗涤池和地漏，并宜设洗涤、消毒茶具和倒茶渣的设施。

4. 办公楼的服务用房设计

办公楼的服务用房包括一般性服务用房和技术性服务用房。一般性服务用房为档案室、资料室、图书阅览室、文秘室、汽车库、非机动车库、员工餐厅、卫生管理设施间等。技术性服务用房为电话总机房、计算机房、晒图室等。

8.3.4 高层办公建筑节能设计

能源问题是当前全球普遍关注的焦点，高层办公建筑的高能耗一直是建筑设计中需要解决的一项关键问题。在设计高层办公建筑时，一定要注意建筑的形体、朝向、风向、绿化等能源消耗的影响因素，同时还要考虑材料、构造做法，以及空间采暖、通风、采光、照明、电气等各个环节对节能的影响。由于我国地域辽阔，国家标准已将全国划分为5个热工气候分区，不同的区域采取的节能方式也不相同，在具体设计时要注意区别对待。

图 8.22 所示的某高层办公建筑实现了在冬季风时受冷风影响面最小化，以及在夏季风时受暖风影响面最大化，通过建筑形体来降低空调使用率。

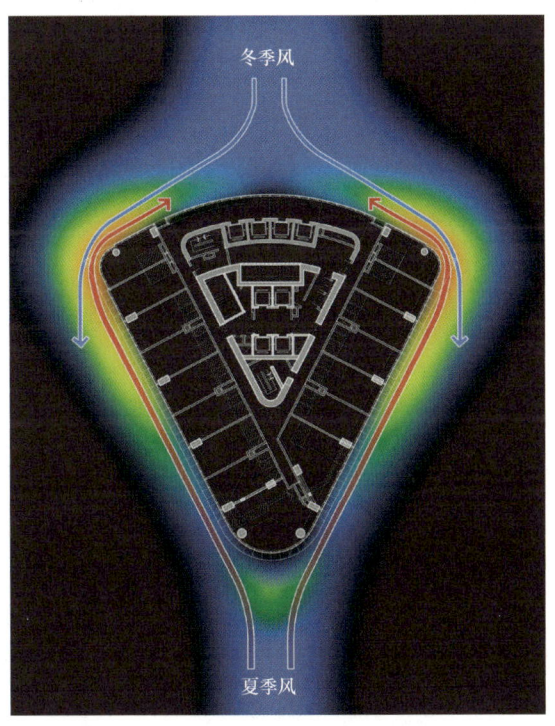

图 8.22　建筑形体针对风向的节能设计

图 8.23 所示的某高层办公建筑采用了绿化屋顶、雨水收集、太阳能收集、静态遮阳系统、自然中庭空间热反射、地热系统等多重生态节能措施，目前这些措施被大量应用于新的高层办公建筑中。

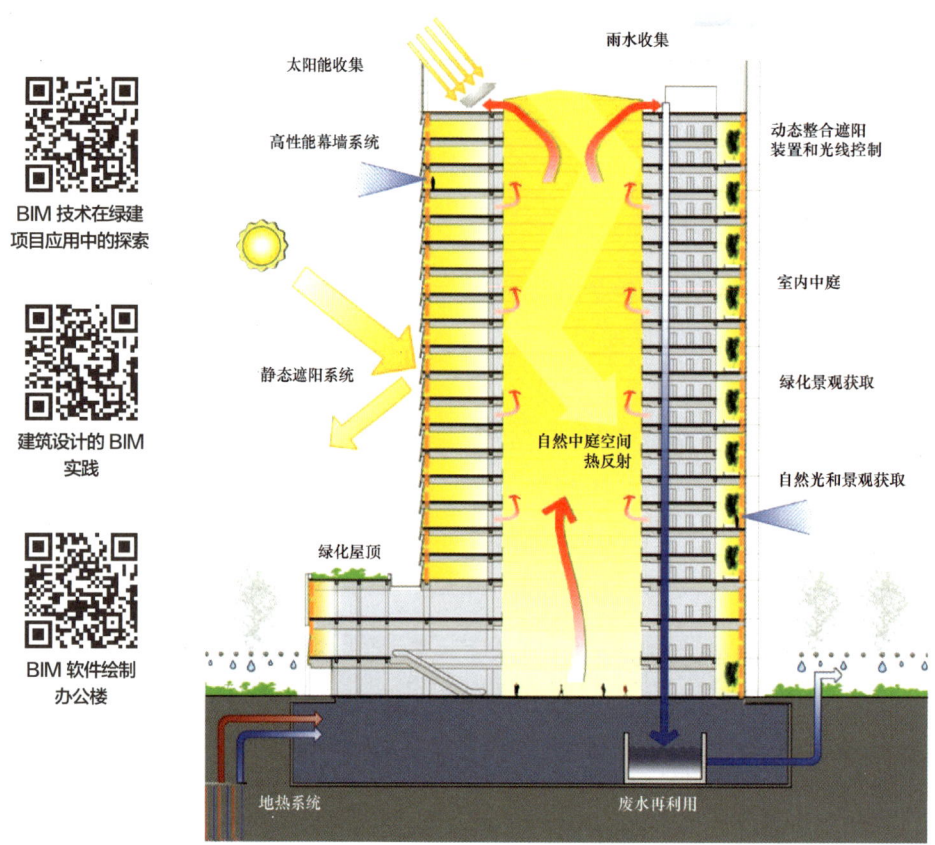

图 8.23　高层办公建筑多重生态节能措施

图 8.24 所示的某高层办公建筑同样应用了建筑设计语言来利用风能，以此降低空调能耗。在冬季风时由西北侧幕墙阻挡冷空气（图中左箭头），在夏季风时由东南侧孔洞加强导风（图中右箭头）。

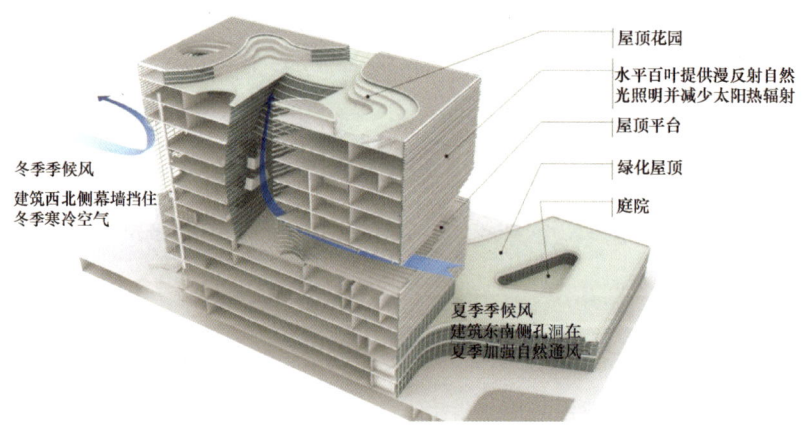

图 8.24　高层办公建筑针对风向的节能措施

8.4 拓展学习

1. 杭州奥体万科中心
2. 杭州来福士中心
3. 上海外滩国际金融服务中心
4. 学生作品展示（含竞赛获奖作品和 AI 辅助生成作品）

杭州奥体万科中心

杭州来福士中心

上海外滩国际金融服务中心

学生作品展示

|模块小结|

本模块主要从高层办公建筑的总体设计、消防设计、平面设计、节能设计等几个方面展开分析高层办公建筑设计时应注意的要点，使学生掌握高层办公建筑的基本设计方法及空间组合方式，学习现行的建筑设计防火规范。

参考文献

中国建筑工业出版社，中国建筑学会，2017.建筑设计资料集：第 1 分册 建筑总论 [M]. 3 版 . 北京：中国建筑工业出版社 .

中国建筑工业出版社，中国建筑学会，2017.建筑设计资料集：第 2 分册 居住 [M]. 3 版 . 北京：中国建筑工业出版社 .

中国建筑工业出版社，中国建筑学会，2017.建筑设计资料集：第 3 分册 办公•金融•司法•广电•邮政 [M]. 3 版 . 北京：中国建筑工业出版社 .

中国建筑工业出版社，中国建筑学会，2017.建筑设计资料集：第 4 分册 教科•文化•宗教•博览•观演 [M]. 3 版 . 北京：中国建筑工业出版社 .

中国建筑工业出版社，中国建筑学会，2017.建筑设计资料集：第 5 分册 休闲娱乐•餐饮•旅馆•商业 [M]. 3 版 . 北京：中国建筑工业出版社 .

中国建筑工业出版社，中国建筑学会，2017.建筑设计资料集：第 6 分册 体育•医疗•福利 [M]. 3 版 . 北京：中国建筑工业出版社 .

中国建筑工业出版社，中国建筑学会，2017.建筑设计资料集：第 7 分册 交通•物流•工业•市政 [M]. 3 版 . 北京：中国建筑工业出版社 .

中国建筑工业出版社，中国建筑学会，2017.建筑设计资料集：第 8 分册 建筑专题 [M]. 3 版 . 北京：中国建筑工业出版社 .